Martina Stricker

DU KANNST MIR VERTRAUEN!

Hundeerziehung
vom Welpen bis zum Senior

*liebevoll
logisch
kompetent*

Einbandgestaltung: R2 I Ravenstein, Verden

Titelbild: Adobe Stock © Evrymmnt

Bildnachweis:
Win Schumacher: Seiten 4, 12, 29, 46, 160
Alle übrigen Fotos stammen von W.+M. Stricker.

Alle Angaben in diesem Buch wurden nach bestem Wissen und Gewissen gemacht. Für einen eventuellen Missbrauch der Informationen in diesem Buch können weder die Autorin noch der Verlag oder die Vertreiber des Buches zur Verantwortung gezogen werden. Eine Haftung für Personen-, Sach- und Vermögensschäden ist ausgeschlossen.

ISBN 978-3-275-02186-4

Copyright © by Müller Rüschlikon Verlag
Postfach 103743, 70032 Stuttgart
Ein Unternehmen der Paul Pietsch Verlage GmbH & Co. KG

1. Auflage 2020

Sie finden uns im Internet unter
www.mueller-rueschlikon-verlag.de

Nachdruck, auch einzelner Teile, ist verboten. Das Urheberrecht und sämtliche weiteren Rechte sind dem Verlag vorbehalten. Übersetzung, Speicherung, Vervielfältigung und Verbreitung einschließlich Übernahme auf elektronische Datenträger wie DVD, CD-ROM usw. sowie Einspeicherung in elektronische Medien wie Internet usw. ist ohne vorherige Genehmigung des Verlages unzulässig und strafbar.

Lektorat: Claudia König
Innengestaltung: Kornelia Erlewein, Stuttgart
Druck und Bindung: Graspo CZ, 76302 Zlin
Printed in Czech Republic

Inhalt

Gut zu wissen **– auf was es ankommt**	**6**
Anleitung und Rückhalt	7
Gewusst wie!	9
In diesem Buch	10
Mensch und Hund **– füreinander geschaffen**	**12**
Liebe und Einfühlungsvermögen	13
Unter der Lupe – Der Rudelführer	16
Umdenken?	17
Führung durch Kompetenz	18
Individuelles Training **– nach Alter, Gesundheit und Typ**	**20**
Altersgerecht	21
Typgerecht	23
Gesundheitsgerecht	25
Kommunikation **– auf verschiedenen Ebenen**	**26**
Das Puzzle der Verständigung	27
Körpersprache	28
Der Ton macht die Musik	29
Menschliche Sprache	30
Ein Geben und Nehmen	33
Verantwortung **– für Hund und Umfeld**	**34**
Vertrauensaufbau	35
Umsicht	38
In Ihren Händen **– Stabilität und Rückhalt**	**40**
Zuverlässigkeit	41
Eindeutigkeit	44

Inhalt

Unter der Lupe	
– Andere Länder, andere Sitten	**52**
Entspanntes Miteinander	53
Wichtiges übernehmen	56
Welpen-Extra	
– Wissenswertes für die Jüngsten	**58**
Sozialisierung	59
Stubenreinheit	60
Pflege	63
Lernen – leicht gemacht	**64**
Auf den Punkt	65
Es geht noch mehr …	67
Fremdsprache Mensch – logisch vermitteln	**70**
Aller Anfang ist schwer	71
Signale aufbauen	74
Signale präzisieren	78
Signale auflösen	81
Ziel einfordern	84
Aufbau und Anwendung von Signalen	
– Basics für einen entspannten Alltag	**86**
Grundlegendes	87
Können	88
Nachrückende Sichtzeichen	105
Wollen	105
Impulskontrolle – im Alltag unerlässlich	**108**
Selbstbeherrschung	109
Des Menschen Körpersprache	
– effektiv von Anfang an	**116**
Gemeinsame Basis	117
Sichtzeichen	120
Wenn es nötig ist	122
Hundesprache	
– facettenreich und unverfälscht	**124**
Körperbetont	125
Beobachtung	128
Unerwünschtes Verhalten	
– logisch angehen	**132**
Analyse	133
Frei Haus geliefert	134
Hausgemacht	137
Das leidige Thema Leinenführigkeit	139
Alleinbleiben	140
Unter der Lupe – Ziel verfehlt	**144**
Bestätigen	145
Mittendrin statt nur dabei	146
Auslastung	
– körperlich und mental	**148**
Arbeitslos	149
Körperliches Training	150
Mentales Training	151
Intensive Beziehungsarbeit	152
Das Optimum: Nasenarbeit	154
Vertrauensbildende Maßnahmen	
– Aufbau und Festigung der Beziehung	**160**
Fünf vor Zwölf	161
Das effiziente Dutzend	164
Das liegt mir am Herzen	**170**
Der ewig erhobene Zeigefinger	171
Ein Paradoxon	171
Toleranz für Einzigartigkeit	172
Dank	175

Gut zu wissen
– auf was es ankommt

Du bist zeitlebens für das verantwortlich,
was Du Dir vertraut gemacht hast.

Antoine de Saint Exupéry

Anleitung und Rückhalt

Der natürlichen Erziehung und Unterstützung seines Hunderudels entzogen, trifft der Vierbeiner bei uns auf eine ihm artfremde Welt.
Er braucht jemanden, der ihm Orientierung schenkt und Sicherheit vermittelt.
Jeder unserer Hunde braucht mindestens einen – ja, seine(n) souveränen Menschen.

Seilbahn

Sie befinden sich mit fremden Personen in einer Seilbahn, als die Kabine über einem tiefen Abgrund ins Stocken gerät. Ein starker Wind lässt die Gondel zum Spielball der Natur werden. Panik bricht aus. Geschrei erfüllt den Raum. Menschen klammern sich weinend aneinander.

Wer wäre Ihnen nun lieber: Die fürsorgliche, nette Dame, die Sie in die Arme schließt, ihnen verständnis- und liebevoll versichert, dass Sie Ihre Ängste teilt oder der Bergführer, der ruhig die Leitung übernimmt und mit wenigen Worten die Gruppe anleitet, sichere Positionen einzunehmen?

Ruhe und Zuverlässigkeit

Jemanden an unserer Seite zu wissen, der sich auskennt und die Lage im Griff hat, Ruhe und Kompetenz verkörpert, gibt uns in schwierigen Lebenslagen Rückhalt. Wir können uns beruhigen und wieder sammeln, was uns davor bewahrt, unbedacht zu handeln. Das geht Hunden nicht anders als uns Menschen.

Gut aufgestellt

Liebe und Einfühlungsvermögen bilden nur das eine Standbein einer tiefen, beglückenden Mensch-Hund-Beziehung. Zuverlässigkeit und Besonnenheit bewirken in kritischen Situationen noch mehr. In Verbindung mit echtem gegenseitigem Verstehen setzen sie unseren tiefen Gefühlen der Zuneigung deren belastbare, praxistaugliche Umsetzung als zweites Standbein daneben, werden zum tatkräftigen Beweis unserer Verbundenheit und Fürsorge.

Immer dann, wenn den Hund etwas verunsichert, überfordert oder befremdet, braucht er seinen Menschen, jemanden, dem er zutraut, die Situation zu meistern, der ihm die Bürde abnimmt, selbst aktiv werden zu müssen.
Doch wie werden wir dieser umfassenden Aufgabe gerecht?

Stressgeplagt leckt sich der kleine Hund die Nase. Allein zurückgelassen fühlt er sich hilflos.

Frauchen kommt! Nun ist die Welt wieder in Ordnung

Ob jetzt gespielt wird?

Natürliches Verhalten

Wir sind enttäuscht, wenn der Vierbeiner beim Anblick der davonrennenden Katze seinem Jagdtrieb folgt, sein Territorialverhalten beim Postboten auslebt oder im Mülleimer nach Nahrung sucht.

Wie soll der Hund direkt erkennen, dass es nicht angebracht ist, Hasen zu jagen, jedem zwischen den Beinen zu schnüffeln oder in Nachbars Blumenbeet zu buddeln?

Nur noch ganz wenige seiner arttypischen Vorgaben finden bei uns Anklang.

Schöne neue Welt?

Unsere Hunde sind von Natur aus nicht auf unser heutiges, menschliches Umfeld vorbereitet. Weder verstehen sie unsere Sprache, noch kann ihnen bewusst sein, in welcher Art und Weise, aus unserer Sicht, Mensch und Tier sowie Hab und Gut zu respektieren sind. Werden Sie für Ihren Vierbeiner zum Lotsen durch die Untiefen der Menschenwelt.

Herausforderung annehmen

Dem Vierbeiner sowohl Rahmen und Grenzen unseres sozialen Zusammenlebens als auch die Weite seiner Entfaltungsmöglichkeiten zu vermitteln, liegt in unseren Händen. Nur so ermöglichen wir ihm, sich bei uns einzufügen aber auch selbst einzubringen.

Auch wir Menschen sind Säugetiere

Es ist gar nicht so schwer, sich als Mensch in einen Hund hineinzuversetzen. Von über 85 % unserer Gene wissen wir heute schon, dass sie mit denen des Hundes übereinstimmen. Uns trennt wirklich nicht viel. So können wir mit logischem Denken sehr gut beurteilen, wie der Hund manche Situation verstehen oder eben auch missverstehen könnte, wie und wann er Unterstützung braucht. Man muss sich die verschiedenen Komponenten situationsbezogen nur jeweils bewusstmachen.

Dass ein Hund an einen Baum pinkelt, ist durchaus natürlich, so dicht neben der Bank ist es jedoch aus Menschensicht unerwünscht.

Gewusst wie!

Ob nun ein Welpe ins Haus kommt, dem Sie optimale Grundlagen schaffen, dem erwachsenen Neuzugang die richtigen Weichen stellen oder ein schon länger bestehendes Problem mit dem Vierbeiner in Angriff nehmen möchten: Sie bekommen hier Information und Anleitung, um Ihrem Hund ein entspanntes Leben im Kreis Ihrer Familie, aber auch draußen in der Begegnung mit Mensch und Tier zu ermöglichen.

Werden Sie für Ihren Vierbeiner zum Reiseleiter in der Menschenwelt, zum Fremdsprachenlehrer der menschlichen Sprache als auch sein ganz persönlicher Fels in der Brandung.

Reiseleiter
Nur Sie alleine wissen, wie das Zusammenleben mit ihm im besten Falle aussehen sollte und können ihn Schritt für Schritt in die Gepflogenheiten Ihres individuellen, sozialen Lebens einführen. Hierzu muss jedoch ein Weg gewählt werden, der es ermöglicht, dem Hund nötige Informationen zu vermitteln.

Fremdsprachenlehrer
Man kann dem Hund die Bedeutung einer beachtlichen Menge an Worten durchaus beibringen. Jedoch kommt es auf das Wie an. Richtig aufgebaut lässt sich eine überaus effektive sprachliche Verständigung entwickeln. Damit können Sie mit Ihrem Vierbeiner auch ohne gegenseitige Sichtbarkeit und auf Distanz prima kommunizieren.

Zwischen Spaziergängern, Sportlern und Fahrrädern an lockerer Leine zu laufen, muss erst eingeübt werden.

Fels in der Brandung
Ihr Hund ist Ihnen anvertraut, aber eben auch ausgeliefert. Er kann sein Leben nicht mehr in seine eigenen Pfoten nehmen, kann auch nicht mit der Unterstützung eines Hunderudels rechnen.
Ihr Verhalten, Ihre Ausstrahlung bilden die eigentliche Grundlage jeglicher Hundeausbildung. Durch liebevolles, aber unmissverständliches Auftreten bieten Sie ihm Rückhalt, können möglichen Problemen Ihres Vierbeiners begegnen, ihn aufbauen oder ihm Grenzen setzen, Ängste abbauen oder respektlosem Verhalten Einhalt gebieten. Mit Ihnen kompetent an seiner Seite kann Ihr Vierbeiner in unserer Menschenwelt heimisch werden, sich zurechtfinden und selbst aktiv beteiligen. Sich jederzeit an Ihnen orientieren zu können, gibt ihm Sicherheit und schafft ihm damit den nötigen Freiraum zur eigenen Entfaltung.

In Begleitung seiner Menschen findet der Hund Halt.

Anleitung wird Ihnen ein Weg aufgezeigt, eine belastbare Basis des gegenseitigen Verstehens zu entwickeln.

Damit werden Sie für Ihren Vierbeiner zum Dreh- und Angelpunkt seines Lebens. Es erwächst eine Partnerschaft, die Unglaubliches vollbringen kann, eine Nähe, die man nicht für möglich gehalten hätte. Ich verspreche Ihnen: daran wachsen Sie beide, Mensch wie Hund.

Problemverhalten

Die allermeisten Schwierigkeiten schwinden, wenn Sie als Hundeführer die oben genannten drei Aufgaben erfüllen und damit das stabile Fundament umfassenden gegenseitigen Vertrauens und Ver-

In diesem Buch

Ich möchte Ihnen helfen, Bindung und umfassende Kommunikation zu Ihrem Hund aufzubauen, um diese Aufgaben zu meistern, setze auf genaue Beobachtung, Naturgesetze und reichlich gesunden Menschenverstand, aber auch auf Flexibilität im Umgang mit dem einzelnen Hunde-Individuum.

Logisch und klar

Jede von mir empfohlene Vorgehensweise wird begründet, denn Sie sollten generell mit Ihrem Hund nur diejenigen Erziehungsratschläge in Angriff nehmen, die Sie aufgrund sachlicher Information guten Gewissens für sinnvoll erachten. Mit Hintergrundwissen und praktischer

Da geht einem ein Licht auf.

Die immer wieder eingestreuten Beispiele aus dem Alltag machen es Ihnen leicht, die Ausführungen nicht nur nachvollziehen zu können, sondern auch im Gedächtnis zu behalten. Oft wird gerade durch diese Vergleiche offensichtlich, wie unlogisch wir immer wieder mit unseren Hunden umgehen, sie unbeabsichtigt verwirren und so Missverständnisse geradezu heraufbeschwören. Sehr viel vermeintliches Fehlverhalten des Hundes beruht nur auf unzureichendem gegenseitigem Verstehen. Vertraute Bilder aus jedermanns Alltag werden schnell überzeugen und Ihnen nicht selten ein Schmunzeln entlocken, wenn Ihnen bewusst wird, wie häufig sich so mancher Fehler doch einschleicht.

stehens geschaffen haben und zur verlässlichen Stütze Ihres Vierbeiners herangereift sind.
Sie können dann kompetent sowohl Aufbegehren – falls es nach Ihrem logischen Verhalten überhaupt noch auftritt – entgegentreten, als auch dem unsicheren Hund durch schwirige Situationen helfen. Auf allgemeine Probleme, wie Leinenführigkeit, Alleinebleiben, Stress an der Haustür etc., wird natürlich eingegangen.

Gravierende Verhaltensprobleme mit traumatischem Hintergrund benötigen jedoch sorgfältig durchdachte und von Tiermedizinern und Verhaltenstherapeuten begleitete Trainingsprogramme ganz individueller Anpassung.

Praxisorientiert
Hundeerziehung ist etwas Praktisches. Es ist nicht nötig, Ihnen mit Fachvokabular Kompetenz zu demonstrieren. Auch bringt es Sie selbst bei bestehendem Problemverhalten nicht wirklich weiter, zu wissen, ob es sich in der Prägungs- oder Sozialisierungsphase angebahnt hat oder wie sich die Ausschüttung eines bestimmten Hormons auswirkt. Physiologische Hintergründe müssen unbedingt tierärztlich abgeklärt und gegebenenfalls behandelt werden. Sind Sie jedoch tagtäglich mit vielleicht schon ritualisiertem Fehlverhalten konfrontiert, wird es Zeit auch zu handeln.
Dieses Buch will Ihnen gezielt praktische Hilfe liefern – jetzt!

Reich und aussagekräftig bebildert
Für optimierte Motive in ansprechender Umgebung und bester Ausleuchtung müssen Hunde in Szene gesetzt werden. Ein Erziehungsratgeber sollte Ihnen jedoch weit mehr bieten als schöne Hunde in gestellten Situationen. Vorrangig wurde darauf geachtet, dass Ihnen viele aufschlussreiche Momentaufnahmen einen authentischen Eindruck echten Verhaltens in natürlichem Umfeld verschaffen, weshalb ab und an geringfügige Abstriche bezüglich Hintergrund und perfekter Schärfe in Kauf genommen wurden.

Ganz entspannt erfahren, was wichtig ist.

Entspannt informieren, erfolgreich anwenden
Mit sorgfältig aufgebauter Kommunikation und Beständigkeit ermöglichen wir es unseren Hunden, mit uns zusammenzuarbeiten, sich an uns zu orientieren und sich bei uns sicher zu fühlen. Das ist kein Hexenwerk.

Machen Sie es sich richtig bequem und lesen Sie das Buch zuerst einmal ganz entspannt durch. Ich versichere Ihnen, dass das Lesen leichtfällt und richtig Spaß bereitet, denn einfach und verständlich geschrieben springt Ihnen die Logik ins Auge. Sehr schnell werden Sie eine neue Wahrnehmung entwickeln, bewusster sich selbst und Ihren Vierbeiner beobachten, ihn immer näher kennenlernen aber auch Ihre eigenen Fähigkeiten stetig erweitern. So vorbereitet können Sie dann Ihr Wissen mit Ihrem Hund ganz einfach in die Tat umsetzen.
Bei Bedarf dient Ihnen das Buch immer wieder als Nachschlagewerk.

Der Erfolg lässt sicher nicht lange auf sich warten! Viel Freude dabei!

Mensch und Hund
– füreinander geschaffen

Der Hund ist das einzige Wesen, das Dich mehr liebt als sich selbst.

Josh Billings

Liebe und Einfühlungsvermögen

Unsere Hunde bringen als Rudeltiere die Bereitschaft zur Zusammenarbeit schon mit und haben sich im Laufe der Evolution den Menschen immer weiter angeschlossen. Es liegt an uns, daraus eine enge Beziehung aufzubauen.

Aktiv mit seinem Menschen unterwegs kann sich der Hund frei entfalten.

Aus dem Bauch heraus
Die Entscheidung zum Hund ist bei uns allen mit großen Gefühlen, ja oft auch Träumen verbunden. Holte man sich früher den Hofhund und Wächter hauptsächlich als lebende Alarmanlage aufs Grundstück oder den Hütehund auf die Weide, suchen wir heute ein Familienmitglied, einen Partner für Alltag, Sport und Freizeit. Wenngleich hier manche romantische Vorstellung vielleicht überhandnimmt, gibt es ihn tatsächlich, den viel gerühmten besten Freund des Menschen.

Wissenschaftlich betrachtet
Es ist fachlich belegt, dass der Hund durch die evolutionäre Anpassung an den Menschen eine Doppelidentität entwickelt hat. Bereits von Geburt an

»Hallo, komm' meinem Menschen nicht zu nah!« Der Hund fällt schnell in die Beschützerrolle, wenn ihm sein Mensch aktuell abgelenkt oder schwach erscheint.

sieht er neben der eigenen Spezies auch den Menschen als eine Art Seinesgleichen an. Nachweislich löst der enge Kontakt zwischen Mensch und Hund beispielsweise auf beiden Seiten die Ausschüttung des Oxytocins, des sogenannten Bindungs- und Vertrauenshormons aus. (Siehe: Gansloßer, Strodtbeck, Bindung & Beziehung – Nichts ist umsonst; hundemagazin.ch) In einer gut entwickelten Sozialbeziehung von Mensch und Hund zieht der tierische Gefährte in überwiegenden Fällen tatsächlich seinen Menschen dem Artgenossen vor. – Welch ein Geschenk an uns!

Hundecharaktere

Unser Leben stellt für jeden Hund eine große Herausforderung dar. Nicht jedweder Charakter meistert dies in gleicher Weise. Allesamt Unikate, hat der Einzelne auf seine ganz eigene Art und Weise wunderbare Seiten und ist doch ab und an geprägt von speziellen, nennen wir es Befindlichkeiten und Charakterzügen, die Probleme bereiten können.

Für ein entspanntes Zusammenleben müssen wir diesen Hundepersönlichkeiten Hilfestellung bieten, müssen die extremeren Auswüchse kanalisieren.

Auf einer Wellenlänge

Die bereits erwähnte Anpassung des Hundes an den Menschen spiegelt sich auch in der Gefühlsübertragung wider. Überraschend gut können sich Hunde in uns hineinversetzen. Selbst ohne die Hintergründe unserer Gefühlslage zu kennen, reagieren sie regelmäßig auf unsere Stimmung. Von ihren geruchlichen Fähigkeiten, unsere Hormonlage beurteilen zu können, mal ganz abgesehen, sind sie uns im Beobachten von Mimik, Gestik und Haltung haushoch überlegen, erkennen die kleinsten Nuancen und reagieren darauf. Wohl jeder Hundehalter hat schon erlebt, wie der Vierbeiner tröstend an ihn heranrückte. Wir werden aber auch noch sehen, dass dieses überaus gute Einfühlungsvermögen eine Kehrseite hat, denn nur zu gut erkennt der Hund auch unsere Schwächen.

Grundversorgung

Natürlich gibt es Grundbedürfnisse des Hundes, wie Futter und Wasser, einen Schlafplatz und medizinische Versorgung. Der Hund braucht Bewegung und am besten auch Anregung und sollte regelmäßig Kontakt zu Artgenossen ermöglicht bekommen. Diese Dinge sind heute jedermann bewusst und werden größtenteils schon eifrig zuhause diskutiert, bevor der Familienzuwachs mit Fell ankommt.

Rudelersatz Familie

Wir sollten uns der Tatsache, dass der Hund ein Rudeltier ist und deshalb unbedingt ein soziales Gefüge benötigt, immer bewusst sein. Die Familie übernimmt diesen Part und wird zum Ersatzrudel. In diesem möchte sich der Hund naturgemäß integrieren, seinen Platz einnehmen und selbst aktiv ausfüllen. In ihrer Entwicklung vom Wolf bis zu der heutigen Vielfalt unserer Haushunde haben sie sich immer weiter dem Menschen angeschlossen. Somit ist jeder Hund zuerst einmal an einer Zusammenarbeit mit uns interessiert. Diese Bereitschaft gilt es zu nutzen, um eine erfolgreiche Integration in die Familie aufzubauen.

Empathie des Hundes

Noch vor gar nicht allzu langer Zeit sprach man dem Hund jegliches Denken ab; er sei nur Instinkt gesteuert. Davon sind wir inzwischen glücklicherweise meilenweit entfernt. Mehr noch, konnte man nun sogar nachweisen, dass Hunde tatsächlich in der Lage sind, sich nicht nur in uns hineinzuversetzen, sondern nötigenfalls auch zu unserem Wohl zu handeln. So erkannten Hunde nicht nur, dass Menschen in Gefahr waren, sondern suchten sogar für sie nach Hilfe (Coren, How dogs think: understanding the canine mind, 2004); eine unglaubliche Fähigkeit.

Meines Erachtens kann dies auch nicht durch eine Studie mit gegenteiligem Ergebnis (Macpherson, Roberts, Do dogs seek helpin an emergency?, 2006) in Frage gestellt werden, denn dabei wurden, wie leider oft bei wissenschaftlichen Versuchen mit Tieren, die Daten unter falschen Voraussetzungen ermittelt. Man ließ dabei den potentiellen Auslöser für Empathie, die Notsituation, von den Menschen nur spielen. – Ein Kardinalfehler!

Unsere Hunde sind viel zu gute Beobachter und Geruchsspezialisten. Für sie ist es ganz und gar nicht dasselbe, ob ein Mensch tatsächlich in eine Notsituation geraten ist und dadurch sowohl Stresshormone ausscheidet als auch von Angst gezeichnet ist oder diesen Zustand nur simuliert. Man kann damit vielleicht Menschen täuschen, Hunde sicher nicht.

Exkurs

Unter der Lupe

Der Rudelführer

> Wir sind nicht nur verantwortlich für das,
> was wir tun, sondern auch für das, was wir nicht tun.
>
> Molière

Exkurs

Umdenken?

In den letzten Jahren gab es vermehrt Studien, nach denen unser bisheriges Bild eines Rudelführers völlig überholt zu sein scheint. Nach neueren Erkenntnissen müsse man davon ausgehen, dass es den Rudelführer im Wolfsrudel überhaupt nicht gibt. Dies würde automatisch bedeuten, dass er somit auch nicht Basis einer artgerechten Mensch-Hund-Beziehung sein kann.

Diese Vision einer Erziehung ohne die bislang angenommene Rangordnung verspricht auf den ersten Blick neue Trainingsmodelle des rein partnerschaftlichen Miteinanders. Doch bei detaillierter Betrachtung dieser Untersuchungen, stellt sich heraus, dass wir uns nicht von der Position des Rudelführers verabschieden müssen, sondern nur von dessen bislang angenommenen Aggressionspotentiales.

Ist der Welpe mal etwas größer, wird das Hochspringen an Menschen kaum noch akzeptiert werden. Besser man blockiert ihn schon von Anfang an.

Hat er sich dann brav gesetzt, bekommt er natürlich viel Lob und ein Leckerchen ...

... dann noch Streicheleinheiten und der Welpe findet künftig Spaß am respektvolleren Verhalten.

Die rosarote Brille

Führung bedeutet immer auch Verantwortung, die zugegebenermaßen durchaus auch belastend sein kann. Nur zu gerne sehen wir uns selbst mit unseren tierischen Begleitern entspannt beim Schlendern in der Stadt, beim Spaziergang in Wald und Flur, beim gemeinsamen Outdoor-Sport oder auch kuschelnd zuhause auf der Couch, verdrängen jedoch lieber jede Art der leider manchmal unumgänglichen Begrenzung oder gar Korrektur, zu der wir uns bisher notgedrungen verpflichtet sahen. Die angesprochenen Forschungsergebnisse scheinen da gerade recht zu kommen, die uns bislang auferlegte Führungsrolle im familiären Ersatzrudel in Frage zu stellen.

Exkurs

Wissenschaft
Frühere Untersuchungen hatten unter Wölfen in Gefangenschaft stattgefunden, wo ein natürliches Abwandern von Mitgliedern nicht möglich war. Dadurch gab es ein wesentlich höheres Aggressionspotential und mehr Rangkämpfe, als es in der Natur vorkommen würde. Dies hatte fälschlicherweise zu einem sehr starren, Macht orientierten Rangordnungsbild geführt.

Heute wissen wir, dass es keine rein hierarchische Ordnung gibt. Der Rudelführer ist nicht der Stärkste, sondern der Kompetenteste, der nur dann eingreift, wenn es nötig ist. Gerade aufgrund seiner Souveränität kann er es sich leisten, in weiten Bereichen großzügig zu sein oder sich auch mal bei einem anderen, in seinen Augen ebenfalls fähigen Mitglied, mit einem kurzen Blick rückzuversichern. Dass er nicht alles regelt und für sich beansprucht, mindert jedoch seine Position als Rudelführer in keiner Weise. Im Gegenteil, er versucht nicht mit Machtdemonstration zu imponieren, sondern glänzt durch Gelassenheit und Umsicht.

Wenn der Hund hier nicht gelernt hat, sich am Wegesrand ruhig zu verhalten, kann Schlimmes passieren.

Führung durch Kompetenz

Die Natur hat immer das Überleben und Fortpflanzen einer Spezies zum Ziel. Der Verbund schafft Schutz und sorgt für Nahrung, muss jedoch die egoistischen Einzelinteressen in manchen Situationen etwas beschneiden. Energieverlust durch Streitigkeiten oder eigenmächtiges Handeln können für das Rudel lebensbedrohlich werden. Nur souveräne Führung, die aber durchaus nicht in einer Hand bzw. Pfote liegen und für jegliche Situationen zuständig sein muss, hält die Gruppe zusammen.

Exkurs

Verantwortung übernehmen

Kompetenz ist situationsbezogen. Kommen Sie heute in ein fernes Land, dessen Sprache und Gepflogenheiten Ihnen gänzlich fremd sind, werden Sie sich gerne während Ihres Aufenthaltes einem Reiseleiter anvertrauen, um nicht in jedes Fettnäpfchen zu treten, aber auch nicht mangels Verständigungsmöglichkeit Hunger zu leiden. Unsere Hunde können kaum Etwas in unserer Menschenwelt zutreffend beurteilen. So müssen sie sich auf uns verlassen können, was sie als Rudelgeschöpfe bei einem souveränen Menschen aber auch gerne tun.

Führung ist Prophylaxe

Ob uns das zusagt oder nicht: Wir müssen die Führung und damit Verantwortung für unsere Hunde übernehmen, denn wir haben sie in unsere Menschenwelt gebracht. In Zeiten schwindender Akzeptanz von Hunden generell, steht ihr Verhalten immer im Fokus, werden Fehler schnell, ja oft vorschnell, geahndet und können zu gesetzlichen Auflagen führen, die die Freiheit des Hundes oft unverhältnismäßig beschneiden.

Vorbehaltlose Liebe erfahren

Es ist unsere Aufgabe, dem Hund die nötigen Grenzen zu setzen, aber auch die Weite seiner Entfaltungsmöglichkeiten aufzuzeigen. Dafür werden wir mit einem echten Freund belohnt, mit einem Wesen, das uns sein volles Vertrauen schenkt, sich ausnahmslos immer auf uns freut und ganz begeistert davon ist, mit uns zusammenzuarbeiten, vorbehaltlos und unverstellt.

Individuelles Training
– nach Alter, Gesundheit und Typ

Bei gleicher Umgebung lebt doch jeder
in einer anderen Welt.

Arthur Schopenhauer

Altersgerecht

Prinzipiell gilt alles, was Sie in diesem Buch lesen, für jeden Hund. Wir möchten einer anderen Spezies helfen, sich bei uns zurechtzufinden, sei es ein Welpe oder ein erwachsener Hund, sei er noch vollkommen unbedarft, bereits er- oder verzogen, entspannt oder durch negative Erfahrungen vorbelastet. Unsere grundlegende Haltung, unser liebevolles, aber auch gut durchdachtes Vorgehen bietet allen gleichermaßen Rahmen und Rückhalt. Auch die praktischen Übungen können, ja sollen durchaus auch schon mit einem Welpen schrittweise in Angriff genommen werden. Trotzdem gilt es, individuell einige Faktoren zu beachten.

So lernt der Kleine sich im Schutz seiner Familie in der großen, weiten Welt zurechtzufinden.

Auch entspannte Kontaktaufnahme zu Artgenossen wird gestattet.

Welpen

Die Jüngsten haben noch eine stark eingeschränkte Konzentrationsfähigkeit, die man unbedingt im Auge behalten sollte. Üben Sie immer in sehr kurzen Sequenzen. Steigern Sie die Anforderungen nur behutsam und bieten Sie zum Ende immer eine leichte Version der Übung, die der Hund erfolgreich und im wahrsten Sinne des Wortes spielend ausführen kann. Der Kleine kann so sein Selbstbewusstsein stetig an den Erfolgen aufbauen.

Welpen-Spezialthemen wie Stubenreinheit oder die ersten Sozialkontakte werden im Kapitel »Welpen-Extra« gesondert behandelt.

»O.k., für Frauchens Yoga bin ich vielleicht zu alt, aber dabei sein ist alles und als alter Hase weiß ich mich zu benehmen.«

Senioren

Gerne wird bei unfolgsamen, alten Hunden der sogenannte Altersstarrsinn als Entschuldigung für schlechtes Benehmen ins Spiel gebracht. Tatsache ist, dass der Senior aufgrund seines Alters auf einen sehr großen Schatz an Erfahrungen zurückgreifen kann. Möglicherweise konnte er lebenslang einige Verhaltensweisen entwickeln, mit denen er Anforderungen seiner Menschen geschickt umgehen konnte. Im berechtigten Wissen, dass er schon einige Hintertürchen erfolgreich aufgestoßen hat, wird er diese mit Widerstand und beachtlicher Ausdauer auch offenhalten wollen. Wenn man es genau nimmt, ist das kein Altersstarrsinn, sondern Erfahrung intelligent zum Eigennutz eingesetzt. Wenn es sich bei der Sturheit also um keine altersbedingte, geistige Veränderung handelt, muss es auch nicht in eine Sackgasse führen. Ein Neuanfang ist immer noch möglich. Lediglich braucht es dazu ein Mehr an Einsatz Ihrerseits, denn der Hund, mit unerwartet Neuem konfrontiert, muss durch Ihr sicheres Auftreten akzeptieren lernen, dass sich auch jetzt noch tatsächlich etwas ändern soll. Das geht, ist aber zugegebenermaßen oft recht mühsam.

Der Hund aus zweiter Hand

Das gleiche gilt für den erwachsenen Neuzugang. Auch er blickt auf bestimmte Erfahrungswerte zurück, hatte bislang möglicherweise »Freiheiten« durchgesetzt, die Sie ihm in Ihrem Umfeld nicht zugestehen wollen oder können. Machen Sie einen Neuanfang. Der Hund wird recht schnell erkennen, dass Sie es ernst meinen und dies honorieren.

Hunde mit Vergangenheit

Wenn Sie einen Hund aus dritter Hand bei sich aufnehmen, von dem Sie wissen oder annehmen, dass er bereits schlechte Erfahrungen gemacht hat, müssen Sie besonders zielstrebig und klar auftreten. Gerade diese vielleicht emotional vorbelasteten Hunde brauchen Halt, brauchen endlich Zuverlässigkeit.

Versuchen Sie die verständlicherweise vor Ihren Augen auftauchenden Bilder möglicher Misshandlung zu verdrängen. Ihr Mitleid hemmt Sie und nimmt Ihnen die Stärke, die Ihr Neuzugang doch so sehr benötigt. Helfen Sie dem Tier im Neubeginn. Nur darin liegt seine Chance, aus dem seelischen Chaos herauszukommen.

Typgerecht

Natürlich gilt auch hier: Alles im Buch dient als Basis für jeden Hund. Jedoch bedarf es Ihres Fingerspitzengefühles, was genau Ihrem Hund guttut, ihn an- aber nicht aufregt und optimal motiviert.

Auch ist manchmal Ihre Kreativität gefragt, wenn Hilfen nicht den gewünschten Effekt erzielen. Es findet sich immer eine Abwandlung, die vielleicht besser angenommen wird und dann doch zum Ziel führt.

Der Aufgeregte

Beim hektischen Hund ist es besonders wichtig Geduld aufzubringen. Bevor Sie irgendetwas mit ihm beginnen, müssen Sie eine entspannte Konzentration des Hundes abwarten. Strahlen Sie selbst extreme Ruhe aus. Bleiben Sie stoisch, bis der Vierbeiner sich endlich entspannt hat; ganz egal wie lange es dauert. Keine Aktivität ohne vorherige Konzentration und geistiges Sammeln, keine Beachtung des Hundes, wenn er hektisch ist. Ruhe kann ein Hund im gewissen Rahmen durchaus erlernen und zwar durch Versuch und Irrtum, indem jede positive Zuwendung nur in Entspanntheit erfolgt.

Aufgedrehtes Verhalten darf hingegen in keiner Weise belohnt werden, weder durch Aktivität, noch durch Aufmerksamkeit. Und bedenken Sie immer, dass auch Schimpfen eine Art Aufmerksamkeit darstellt. Im Gegensatz dazu muss sich Ruhe und Konzentration für solche Charaktere möglichst immer lohnen. Auch das Loben sollte lieber innig und freundlich als zu euphorisch ausfallen, um die mühsam errungene Ruhe nicht gleich wieder aufs Spiel zu setzen. Achtung: Verwechseln Sie nicht Aufregung mit Motivation. Man muss gegensteuern, um solchen Hunden den Dauerstress zu nehmen.

Ihn zu mobilisieren kostet schon etwas mehr Mühe.

Der Phlegmatische

Um diese etwas schwerfälligeren Kandidaten zu mobilisieren, braucht es mehr Einsatz Ihrerseits. Ausnahmsweise gilt hier nicht: »In der Ruhe liegt die Kraft«. Im Gegenteil! Es ist tatsächlich angebracht, den Hund ganz bewusst euphorisch mitzureißen. Geben Sie Ihrer Stimme Klang und Betonung, arbeiten Sie intensiv mit Ihrer Körpersprache, mit der Sie auch richtig Dynamik zeigen sollten, um das Interesse des Hundes zu wecken. Feiern Sie jeden Erfolg sehr aktiv. Hier darf überschwänglich gelobt werden, um den Hund aus der Reserve zu locken.

Der Ängstliche

Ähnlich wie beim aufgeregten Hund sollte hier die Ruhe im Zentrum stehen. Jede Hektik schafft Nervosität, schafft Unsicherheit. Geradlinigkeit, ruhige Bewegungen, wenige Worte und inniges Lob geben Sicherheit.
Verschaffen Sie dem Hund so viel Erfolge wie möglich, indem Sie die Anforderungen nur wohl überlegt steigern, dazwischen immer wieder kurzfristig zurückstufen, um sicherzustellen, dass alles klappt. An den häufigen Erfolgen kann er wachsen und Schritt für Schritt seine Ängste überwinden.

Gesundheitsgerecht

Bei gesundheitlich angeschlagenen Hunden kann es nötig sein, sich bei mancher Übung eine moderate Variante einfallen zu lassen, die Dauer und Intensität der Anforderungen zu reduzieren oder nötigenfalls gänzlich darauf zu verzichten. Physischen aber auch psychischen Erkrankungen muss Rechnung getragen werden. Hinzu kommt, dass auch rein körperliche Beeinträchtigungen ganz automatisch mit der Zeit auf die Stimmung des Tieres Einfluss nehmen, somit zur Doppelbelastung führen.
Prinzipiell bedeutet dies, die Anforderungen unter Berücksichtigung der individuellen Behinderung zu modifizieren, um den bereits belasteten Hund einerseits zu schonen, ihm aber die für ihn besonders wichtigen Erfolgserlebnisse trotzdem zu verschaffen.

Der alternde Hund
Überlegen Sie vor jeder Übung, ob sie in der vorgesehenen Weise Ihrem Senior zuzumuten ist. Mit etwas Überlegung findet sich meist auch eine Abwandlung, die seinen körperlichen Fähigkeiten eher Rechnung trägt. Anstelle eines PLATZ kann auch ein STEH dem Hund ein Innehalten abverlangen, jedoch ohne die Gelenke über Gebühr zu belasten.

Trotzdem braucht auch, oder gerade, der alternde Hund noch Aufgaben, die er erfüllen kann, die ihm Erfolgserlebnisse verschaffen, die ihm zeigen, dass er noch wahrgenommen wird, dass er dazugehört.

Temporäre Einschränkungen
Ist der Vierbeiner nur vorübergehend körperlich behindert, lässt man einfach diejenigen Übungen weg, die davon beeinträchtigt wären. Üben Sie nur das, was er problemlos ausführen kann und womit der Hund in dieser Zeit Anregung und Bestätigung findet. Alles andere lässt sich später nachholen.

Der behinderte Hund
Hier liegt es an Ihnen, wie beim alten Hund, kreative Versionen zu entwickeln, die seinen individuellen Fähigkeiten gerecht werden. Doch mit etwas Überlegung findet sich immer ein Weg.
Aber jeder, wirklich jeder Hund sollte geistig und körperlich innerhalb seiner Möglichkeiten gefordert und gefördert werden. Das verlangt der Respekt vor dem Tier, zeigt ihm, immer noch eine wichtige Rolle als Mitglied der Gemeinschaft zu spielen.

Man sieht auf den ersten Blick, dass sich dieser Hund nicht wohlfühlt und sollte ihn möglichst wenig belasten.

Kommunikation
– auf verschiedenen Ebenen

Es gibt keine Freiheit
ohne gegenseitiges Verständnis.

Albert Camus

Das Puzzle der Verständigung

Kommunikation hat echtes gegenseitiges Verstehen, im besten Fall sogar echtes Nachempfinden zum Ziel. Jedes Lebewesen kommuniziert sein ganzes Leben, zu jeder Zeit, teils willentlich, teils unbeabsichtigt.

Da Mensch und Hund jedoch bei den Mitteln zur Verständigung ganz unterschiedliche Schwerpunkte setzen, müssen wir uns zuerst ganz genau bewusstmachen, wie unsere ausgesendeten Signale vom Hund wahrgenommen werden.

Das Mosaik des Informationsaustausches

Gegenseitiges Verstehen beruht auch bei uns Menschen aus weit mehr als nur Sprache. Es ist immer ein ganzes Paket an Signalen, das aus der reinen Verarbeitung der Wortinhalte auch echtes Begreifen herstellt.

Wie oft haben wir schon mit jemandem diskutiert und verärgert festgestellt, dass er unsere Position nicht nachvollziehen kann oder, wie wir meist annehmen, nicht verstehen will, obwohl doch alle Argumente ganz klar auf der Hand lagen?
Zu den reinen Inhalten der Worte gesellen sich noch zahlreiche weitere Faktoren wie Körpersprache, Erfahrungen und Erwartungshaltung, aber auch die Stimmlage und die aktuelle Stimmung.

Dabei spielt unser Verhältnis zum Gegenüber eine große Rolle. Ob es sich um eine enge Vertrauensperson, einen Kumpel oder einen Fremden handelt, lässt die Einstufung des Gesagten unter Umständen sehr unterschiedlich ausfallen. Die gleiche Äußerung empfinden wir möglicherweise beim Freund als humorvolles Überspitzen, beim Fremden als Zumutung. Auch den Wahrheitsgehalt einer Aussage setzen wir in Relation zum Vertrauen, das wir unserem Gegenüber entgegenbringen.

Unsere Sprache spiegelt dieses notwendige Zusammenspiel der Mittel in vielen Schattierungen wider. Wir bezeichnen eine Diskrepanz zwischen reiner Wort-Information und gegenseitigem Verstehen beispielsweise als »aneinander vorbeireden«, aber auch die Übereinstimmung als »auf einer Wellenlänge« liegen.

Stille Post

Wer kennt es nicht, das Spiel »stille Post«. Obwohl jeder Spielpartner eigentlich versucht, das Gehörte korrekt weiterzugeben, gelingt das selten. Der Grund ist nicht die mangelhafte Akustik, sondern, dass wir das gesprochene Wort mit einer gewissen Erwartungshaltung aufnehmen und individuell weiterverarbeiten.

Erschwerte Bedingungen

Fehlen uns am Telefon Mimik und Gestik unseres Gegenübers, braucht es meist mehr Worte, um die Informationen wunschgemäß zu übermitteln. Beim Schreiben fehlt dann auch noch der Klang der Stimme, der durch Betonung, Höhen und Tiefen zusätzliche Eindrücke vermittelt hätte. Es ist nicht verwunderlich, dass sich immer mehr Emojis durchsetzen, wenn es dem Schreiber zu aufwendig scheint, die verschiedenen Facetten der Information sprachlich differenziert auszudrücken.

Kommunikation

Körpersprache

Hunde kommunizieren in aller erster Linie über ihre Körpersprache, was ein jeder von klein auf schon beherrscht. Obwohl wir Menschen bevorzugt verbal kommunizieren, reagiert auch unser Körper ganz automatisch auf unseren Gemütszustand. So beobachten Hunde auch bei uns die winzigsten Details und wissen sie einzuordnen.

Wenn Frauchen gutgelaunt »tanzt«, überträgt sich die Stimmung auf den Vierbeiner, der mit viel Spaß dabei ist.

Hinter der Fassade

Zwar ist uns Menschen bewusst, dass man sich auch verstellen kann, jedoch sind uns dabei Grenzen gesetzt. Mag ein aufgesetztes Lächeln auch freundlich wirken, entspricht die Gesamtheit unseres Körpers dennoch unserem wahren Gemütszustand. Doch schwindet bei uns Menschen mehr und mehr die Fähigkeit, die Körpersprache unseres Gegenübers treffend zu interpretieren. Für genaues Hinsehen lassen wir uns kaum noch Zeit. Dieser Mangel an aufmerksamer Beobachtung führt dazu, dass es uns Menschen nicht selten gelingt, unser Gefühlsleben zu verbergen, ja sogar unsere Mitmenschen zu täuschen.

Blick ins Innere

Anders der Hund, der sich nicht bemüht, sich zu verstellen. Seine Körpersprache ist immer echt. Sie lügt nicht. Sie eröffnet jedem Artgenossen, aber auch uns Menschen, sofern wir uns die Mühe machen, unsere tierischen Gefährten genau zu beobachten, den Blick in ihre Seele. Obwohl wir Menschen durch Zucht die Wirkung mancher ursprünglich wölfischen Ausdrucksweise behindert haben; seien es hängende Ohren, permanent aufgestellte Ruten, Stirnfalten und vieles mehr, ist es erstaunlich, dass alle Hunde, welcher Rasse oder Mischung auch immer, aus aller Herren Länder, im Grunde die Körpersprache eines jeden Artgenossen lesen können. In Verbindung mit geruchlichen Komponenten, die auf aktuelle Stimmung und Hormonstatus schließen lassen, stehen sie wie ein offenes Buch zur Verfügung.

Genau hinschauen

So kann ich nur jedem empfehlen, sich auf den Weg zu machen, Hunde genau zu beobachten. Nehmen Sie sich die Zeit, sie im Freilauf mit anderen zu studieren. Schnell werden Sie merken, wie diese untereinander kommunizieren, wie durch oft nur kleinste Bewegungen, kurze Laute oder einen schnellen Blick zum Spiel aufgefordert wird oder gezielt Konflikte vermieden werden, wie sich die verschiedensten Temperamente anziehen oder aus dem Weg gehen. Natürlich bringt Ihr Hund körpersprachlich sein Befinden auch uns Menschen gegenüber zum Ausdruck. Der Körper spricht immer. Zum Zuhören muss man aber hinsehen. Wir werden später noch im Einzelnen auf die hündische Körpersprache eingehen.

Verkehrte Welt

Als Aaron mit fünf Monaten bei uns einzog, reagierte er auf Menschen extrem ängstlich.

Nun hieß es, sich klein machen, um für ihn nicht so bedrohlich zu wirken. Doch schien dies seine Panik noch zu verstärken. Nur sorgfältige Beobachtung ließ uns bald bemerken, dass ihn Männer in gebückter Haltung weit mehr ängstigten als große in aufrechter. Haarlose Areale an den Hinterläufen und eine starke Angstreaktion auf jede Art von Leine, selbst einer Schleppleine am vorbeirennenden Artgenossen, legte nahe, dass der Winzling von einem kleineren Mann, vielleicht in der Hocke, angelockt und dann irgendwie gefesselt worden war. Sich-klein-Machen war somit ausnahmsweise kein probates Mittel.

Die Frage ist nicht, ob unser Hund hört, sondern ob er uns in unserem Sinn auch versteht.

Der Ton macht die Musik

Auch wir Menschen wissen, dass es nicht immer nur darauf ankommt, was wir sagen, sondern wie wir es tun. Der Klang unserer Stimme, die Betonung der Silben sagen sehr viel aus, setzen dem Wortinhalt nicht selten eine sehr differenzierte Bedeutung hinzu. Wir kennen zu gut die emotionale Wirkung von Ironie, Spott oder Lob.

Stimm- bzw. Stimmungsübertragung
Die Wirkung der Art und Weise wie wir etwas ausdrücken ist nicht zu unterschätzen. Das scheint die Spezies Hund schon von Geburt an einordnen zu können und wir Menschen auch ganz intuitiv einzusetzen. Wir loben den Welpen mit heller Stimme, rügen ihn jedoch mit tieferer.

Motivationsschub
In der Betonung und im Klang von Signalen und Lauten liegt eine ganze Bandbreite an Möglichkeiten, die man bewusst zur Motivation des Vierbeiners nutzen kann. Sie können rein durch die Intonation Ihrer Stimme den Hund beruhigen oder mitreißen, blockieren oder seine Aufmerksamkeit wecken. Je nach unserer Persönlichkeit fällt uns das mehr oder weniger leicht.

Aber machen Sie davon Gebrauch, denn auch das gehört eben zur genetischen Grundausstattung unserer Vierbeiner, schafft unmittelbar Verbindung ohne je besonders erlernt werden zu müssen. Ihre individuelle Ausdrucksweise, die vielfältigen Facetten Ihrer Stimme und eben der damit verbundenen Stimmung hauchen Ihrer Mensch/Hund-Beziehung Leben ein, binden Ihren tierischen Partner in Ihr Gefühlsleben mit ein und schaffen, ohne besonders trainiert werden zu müssen, ein Miteinander.
Ein freudiges FUSS, sagt dem Hund, dass gemeinsam gestartet wird, schafft eine positive Erwartungshaltung und bindet ihn automatisch in Ihr Vorhaben mit ein. Ein kurzes STOPP, klar und prägnant mit tieferer Stimme gegeben, schafft Konzentration und abwartende Neugier.

Menschliche Sprache

Wir Menschen setzen vorwiegend auf verbale Kommunikation. Da der Hund hingegen, als Mitglied einer anderen Spezies, seinen Fokus ganz anderes ausrichtet, ist es nicht ganz einfach, auf der sprachlichen Ebene eine gemeinsame Basis zu entwickeln. Es bedarf einer klar strukturierten Ausbildung des Hundes durch uns Menschen.

Eindeutigkeit durch Vereinfachung

Wir haben zu Beginn dieses Kapitels schon besprochen, wie vielfältig sich Kommunikation zusammensetzt. Wenn sich echtes Verstehen also schon unter uns Menschen derart kompliziert gestaltet, muss dann nicht die Kommunikation mit einer anderen Spezies noch viel schwieriger ausfallen? Ganz im Gegenteil! Wir reduzieren unsere Verständigung auf das Grundlegende und vereinfachen damit den Aufbau gegenseitigen Verstehens. Im Vordergrund stehen zielgerichtete Eindeutigkeit und Logik.

Erst schlucken, dann sprechen

Eins meiner Kinder lehrte mich sehr früh, dass es auf Eindeutigkeit ankommt. Die Kleine hatte extrem früh damit begonnen zu sprechen und ihr kleiner Mund stand nie still. Noch keine zwei Jahre alt, saß sie in ihrem Hochstuhl am Familientisch, den Mund prall gefüllt, und begann zu plappern. Ich griff erzieherisch ein und meinte: »Mach' bitte erst den Mund leer, bevor Du redest.« Prompt reagierte sie, indem sie den ganzen Inhalt ihres Mundes einfach vor sich ausspuckte. Wie hätte ich da schimpfen können? Ich war einfach zu unpräzise gewesen. Ab sofort hieß es: »Erst schlucken, dann sprechen.«

Präzision

Wieso hatte die Kleine mich so missverstanden? Ihr fehlten noch Erfahrungen, die die Worte in einen speziellen Kontext gebracht hätten. Wir können dies aber auch ganz positiv bewerten. Bei ihr wurde der eigentliche Kern der Worte noch nicht verfälscht. Sie reagierte buchstäblich im wahrsten Sinne des Wortes.

Back to the roots

Unseren Hunden geht es genauso. Da sie unsere Art der Verständigung ebenso wie Babys erst erlernen müssen, achten sie noch völlig unvoreingenommen auf unsere Signale. Und gerade hierin liegt unsere Chance. Wir können uns den zu Beginn nur wenigen beidseitig zur Verfügung stehenden Mitteln der Kommunikation zuwenden und diese unverfälscht einsetzen. Wichtig ist nur, dass wir uns selbst jederzeit daran erinnern, wie das gewählte Signal ursprünglich dem Hund vermittelt wurde und es dementsprechend auch künftig konsequent in dieser Reinform benutzt werden muss.
Gerade im Fokussieren auf die Klarheit, wird die Verständigung sehr einfach und unzweideutig und lässt keinerlei verwirrende Spielräume offen.

Wertigkeit der Mittel

Hunde reagieren in allererster Linie auf unsere Körpersprache, dann auf den Klang unserer Stimme und erst an dritter Stelle auf unsere Sprache in Form erlernter Hörzeichen.

Mit dem Ball am Strand. Was will man mehr!

Wenn der Hund das Hörsignal zum Kommen richtig erlernen konnte, klappt es auch aus dem Spiel mit dem Ball heraus.

Der 12-jährige, taube Moses mit dem jungen Aaron

Ein Geben und Nehmen

Gegenseitiges Verstehen wird immer von beiden Seiten genährt. Wenn Sie es schaffen, dass Ihr Hund bei Ihnen klar erkennt, was Sie von ihm wollen, wird auch er seinen Teil zur Verständigung beitragen. Das wurde mir nur allzu schmerzlich bewusst, als mein Hund Moses damals alt wurde.

Der taube Moses

Moses war auf seine alten Tage taub geworden und wirkte nun geradezu depressiv. Als leidenschaftlicher Rettungshund lebenslang motiviert, zuerst in der Flächensuche, später auch als Personenspürhund, als sogenannter Mantrailer, wollte ich ihm auch im Alter noch die Möglichkeit bieten, seine Nase einzusetzen. Noch immer erreichte er die Opfer spielende Person oder den versteckten Gegenstand, aber seine freudige Erregung bei der Sucharbeit und seine sonst üblichen begeisterten Rückmeldungen an mich waren verloren gegangen. Die Suche schien freudlos geworden zu sein. Dies war schwer mitanzusehen. Ich beschloss, mit dem inzwischen schon 12-Jährigen einen Kurs für taube Hunde zu besuchen. Die Wirkung war faszinierend. Da er nun erkannte, dass ich, wenn auch mit anderen Mitteln, mit ihm weiterhin zusammenarbeiten wollte, zeigte auch er mir wieder, was er wahrnahm. Zwar war ich darauf angewiesen, dass er von sich aus mit mir Blickkontakt herstellte, um Zeichensprache einsetzen zu können, jedoch reichten schon diese Momente der Verständigung aus, das alte Band zwischen uns erneut zu knüpfen. Wie zuvor zeigte er durch seinen Gang, Ohr- und Rutenhaltung sowie die eigenartigsten Laute, wenn ihm etwas auffiel. Er konnte sich wieder seines Lebens erfreuen und genoss ganz offensichtlich die aktive Zusammenarbeit.

Wie Du mir, so ich Dir

Davon angeregt konnte ich immer öfter beobachten, dass Hunde, die ihre Hundeführer wirklich verstehen, auch von sich aus den Kontakt suchen, auf Informationen ihres Hundeführers achten und reagieren, aber auch selbst ihrem Menschen mehr mitteilen. Sie zeigen dann mit ihrer differenzierten Körpersprache und variantenreichen Lauten ihrem Hundeführer die eigenen Erkenntnisse an.

Nimm mich ernst!

Uns geht es doch genauso. Unterhalten wir uns mit jemandem, der seinen Blick unruhig umherschweifen lässt und ganz offensichtlich nicht zuhört, ziehen wir uns entweder höflich zurück oder lassen ihn verärgert stehen. Ein interessierter Zuhörer jedoch zeigt uns seine Wertschätzung. Mit ihm zu erzählen und zu diskutieren macht uns richtig Spaß. Ein reger Austausch beginnt.

Wenn Ihr Hund und Sie sich wirklich verstehen, wird er sich immer wieder an Ihnen orientieren und Ihnen Rückmeldung geben, falls ihm etwas auffällt. Damit wird Ihr Hund für Sie tatsächlich zum Freund. Er wird zum Partner, der sich immer weiter in Ihr Leben integriert und Ihnen im Gegenzug den Blick in seine Welt eröffnet.
Sollten Sie dann möglicherweise gemeinsame Freizeitaktivitäten aufnehmen, bei denen Ihr Hund eigenständig agieren darf, wie Flächensuche oder Mantrailing können Sie sich darauf verlassen, dass er seine hundespezifischen Fähigkeiten einbringt und Sie darüber aktiv informiert.

Verantwortung
– für Hund und Umfeld

Ein großer Brückenschlag gelingt selten
ohne Stützpfeiler.

B. Geller-Wollentin

Vertrauensaufbau

Ihr Hund ist Ihnen nicht nur anvertraut, sondern sollte Ihnen mit der Zeit auch wirklich vertrauen können. Vertrauen entwickelt sich aus einer Vielzahl an positiven Erfahrungen, gewinnt dadurch mehr und mehr an Tiefe und ist dann kaum noch zu erschüttern. Richtig aufgebaut wird es zum Bollwerk Ihrer Mensch-Hund-Beziehung. Ihr klares, zuverlässiges Verhalten und Ihre Ausstrahlung bilden die tragfähigen Stützpfeiler einer Brücke des Vertrauens, die, wenn es darauf ankommt, Ihre Einflussnahme sichert und es deshalb erlaubt, dem Vierbeiner ein Maximum an Freiheit zuzugestehen.

Führung durch Kompetenz

Wir Menschen lassen uns oft von Äußerlichkeiten und demonstrativen Aussagen blenden. Ganz anders der Hund. Er bewertet Lebewesen ganz direkt. In logischem und unmissverständlichem Verhalten erkennt er Führungsqualität. Wer diese ausstrahlt, dem vertraut man sich gerne an und folgt ihm.

Nur indem wir dem Hund diese Kompetenz vorleben, entwickelt sich das nötige Vertrauen, um sich uns freudig anzuschließen, denn es liegt in der Natur des Hundes als Rudeltier, seinem Rudelführer gefallen zu wollen.

Wenn es mangelt

Hunde, die ihren Menschen diese Führungsstärke nicht zutrauen, reagieren je nach Charakter zwar unterschiedlich, auf alle Fälle jedoch aus menschlicher Sicht problematisch.

Nach eigenem Gutdünken

Wird die Führungskompetenz des Menschen in Frage gestellt, gibt es für den Hund keinen Grund, sich von ihm beeinflussen zu lassen. Im besten Fall, nimmt der Mensch dann eine Art kumpelhafte Position ein. Er stellt zwar seine Wünsche in den Raum, kann aber nicht sicher sein, dass sie angenommen werden.

So geht der Hund freudig auf das Angebot eines Spazierganges ein, nicht aber auf die Forderung, prinzipiell den Lebensmitteln auf dem Tisch fernzubleiben. Bietet sich gerade keinerlei attraktivere Unterhaltung, reagiert der Vierbeiner zügig auf den Rückruf; jedoch keineswegs, wenn er mit einem Artgenossen im Spiel oder hinter einem Hasen her ist. Nicht selten verändert sich schleichend die Stellung des Menschen in den Augen seines Vierbeiners mehr und mehr zu der eines Animateurs.

Wer kümmert sich um wen?

Noch problematischer wirkt sich jedoch aus, dass der Hund als Rudeltier die offene Stelle der Führung geradezu übernehmen muss, wenn er das Gefühl hat, sein Mensch bringe die nötige Qualifikation dafür nicht mit.

Je nach Hundecharakter kann das zu sehr Stress beladenen Situationen führen. Gerade die unsicheren Vierbeiner fühlen sich zwar verpflichtet, die unbedingt zu besetzende Position einzunehmen, sie sind jedoch damit hoffnungslos überfordert und schießen schnell übers Ziel hinaus.

Verantwortung

Aufgrund kompetenter Ausstrahlung des Menschen drängt sich keiner vor. Die Drei warten geduldig, bis sie an der Reihe sind.

... und: Action!

Sie kommen in ein fremdes Land, sind umgeben von Menschen, die Sie weder sprachlich verstehen, noch Ihrem Kulturkreis angehören. In Begleitung einer kleinen, zurückhaltenden Dame, deren fremdartige Gesichtszüge es Ihnen erschweren, ihre Mimik zu deuten, erschrecken Sie, als ein Mann schreiend und blutüberströmt um die Ecke gerannt kommt. Eine Sekunde später flieht eine weitere verletzte Person vor einem tobenden Hünen mit einem großen Schläger in der Hand.
Selbst sportlich veranlagt zerren Sie deshalb Ihre Begleiterin zur Seite und greifen nach einem Stück Holz, um den vermeintlichen Bösewicht nötigenfalls abzuwehren.
Und warum das Ganze? Man hatte Ihnen aufgrund der Verständigungsprobleme leider nicht vermitteln können, dass es sich nur um Fernsehaufnahmen für einen Action-Film handelt.

Da Sie keine Möglichkeit hatten, die Situation objektiv zu bewerten, glaubten Sie handeln zu müssen.
Genau so geht es unseren Hunden, wenn sie meinen, es sei an ihnen, uns zu beschützen.

Da sie die meisten Situationen nicht wirklich einschätzen können, führt ihr Eingreifen zu nicht vorhersehbaren Fehlreaktionen. Zudem wägt ein Hund nicht erst sorgfältig die Verhältnismäßigkeit der Mittel ab.

Führungsrolle klarstellen

Prinzipiell ist es in Hundeaugen die Aufgabe des Rudelführers, die Mitglieder zu beschützen. So können wir immer wieder beobachten, wie Hunde sich sowohl gegen entgegenkommende Menschen als auch Hunde ereifern, um ihrer vermeintlichen Stellung, ihr Familienrudel vor Schaden zu bewahren, gerecht zu werden.

Leider fühlen wir uns dann auch noch irgendwie geschmeichelt, dass unser Vierbeiner uns verteidigt, obwohl dies objektiv betrachtet nicht das beste Licht auf uns selbst wirft. Denn ein beschützender Hund zeigt nur, dass er uns nicht befähigt hält, selbst auf uns aufzupassen. Damit verspielen wir die Chance, vom Hund als kompetenter Rudelführer angesehen zu werden.

Generell kann ein Hund in der Menschenwelt als führender Partner kaum angemessen reagieren. Was ihm fremd erscheint, wird als potentielle Gefahr empfunden, sei es ein Regenschirm oder der forsch entgegenkommende Nachbar, ein Rollstuhl oder Kinder auf Inlineskates.

So muss prinzipiell für jeden Hund erkennbar sein, dass sein Mensch die Beschützerrolle innehat.

Der Hund zum Eigenschutz?

Übrigens müssen Sie sich keine Sorgen machen, dass Ihr Vierbeiner Sie als kompetenten Rudelführer im echten Notfall deswegen im Stich lassen würde. Jeder, wirklich jeder Hund wird im hoffentlich nie für Sie eintretenden Ernstfall seinem Rudel, also Ihnen und Ihrer Familie, zur Seite stehen. Das aber nur, wenn er an Ihnen und Ihren biochemischen Ausscheidungen erkennt, dass Sie tatsächlich Hilfe benötigen. Das liegt ihm in den Genen und muss keineswegs durch eine Schutzhundeausbildung erst etabliert werden. Im Gegenteil birgt Letztere, die im Training ausschließlich mit gespielter Bedrohung aufgebaut wird, die Gefahr, dass der Hund im wahren Leben irrtümlich auch ohne echten Notfall tätig wird und somit möglicherweise unangebracht aggressiv reagiert.

Wenn es richtig läuft

An der Seite eines kompetenten Menschen kann sich ein Hund jedoch entspannen. Er ist nicht mehr gezwungen, dauernd Entscheidungen zu treffen. Er traut seinem Menschen jederzeit zu, die Lage zu bewältigen und verlässt sich darauf. Damit wird sein Leben um Vieles einfacher.

Das Vertrauen zu seinem Menschen schafft beim Hund die Bereitschaft, diesen unangenehmen Rost widerstandslos zu überschreiten.

Stressabbau

Gerade bei den unsichereren Hundecharakteren ist diese Vertrauensstellung der einzige Weg, Ruhe in ihr Leben zu bringen. In vielen Situationen vollkommen überfordert, kontern sie mit Verkrampfung, Hysterie oder Angstaggression. Das Vertrauen in den kompetenten Menschen, nimmt diesen psychisch unter Druck stehenden Vierbeinern eine große Last.

Vertrauen schafft Bereitschaft

Je sicherer sich ein Hund bei seinem Menschen fühlt, desto eher räumt er ihm eine Art Bonus ein. Es erwächst ein tiefes Vertrauen und eine große Bereitschaft für diesen Menschen auch negativ besetzte Situationen einfach anzunehmen. Der Hund will seinem Besitzer gefallen, hat selbst Spaß daran, mit ihm zusammen etwas zu unternehmen. Selbst wenn er eine Situation von sich aus weniger positiv einschätzt, schafft die Zielstrebigkeit und das Interesse seines Menschen auch bei ihm eine positive Verknüpfung.

Umsicht

Freiheit steht immer in Relation zu der anderer. Die eigenen Freiräume dürfen nicht die der anderen beschneiden. Je besser ich meinen Vierbeiner beeinflussen kann und damit auf andere Rücksicht nehme, desto mehr Freiraum darf ich ihm zugestehen. Somit öffnet erst die erfolgreiche Kommunikation zwischen uns und unserem Vierbeiner das Tor zu seiner Freiheit.

Rücksicht

Mitteleuropa weist eine hohe Bevölkerungsdichte aus. Die wenigsten von uns leben zurückgezogen und abgeschieden auf großen, spärlich bewohnten Landstrichen.

Üblicherweise kann bereits der erste Schritt aus der Wohnungstür zu Begegnungen führen. Nicht selten trifft unser Hund somit recht unvermittelt auf Personen.

Auch wenn man selbst überzeugter Hundeliebhaber ist, darf man trotzdem nicht davon ausgehen, dass alle Menschen die eigene Zuneigung zu Hunden verstehen, geschweige denn diese teilen. Vielleicht haben Sie selbst Angst vor Spinnen oder Schlangen, seien sie noch so harmlos. So sollten wir auch Verständnis dafür aufbringen, dass sich Menschen vor unserem Hund fürchten, unabhängig ob berechtigt oder nicht.

Jede Begegnung hat das Potential für Konflikte.

Offensichtliche Schwierigkeiten

Die Nachbarin lebt in Angst und Schrecken, weil unser überdrehter Vierbeiner jedes Mal frontal auf sie zustürmt. Der Hundebesitzer am Ende der Straße kehrt augenblicklich um, wenn er uns mit Hund erblickt, um drohenden Auseinandersetzungen aus dem Weg zu gehen. Freunde möchten uns schon länger nicht mehr besuchen, da sie sich von unserem Hund bedrängt fühlen.

Drohende gesetzliche Auflagen

Wenn unser gut gelaunter Vierbeiner auf das Kleinkind zustürmt, dieses ohne überhaupt berührt worden zu sein erschrickt und umfällt, ist es den Eltern vielleicht nicht zu vermitteln, dass der Hund nur spielerische Absichten verfolgte. Wird dem Ordnungsamt dann von Passanten versichert, Ihr Hund habe das Kind angreifen wollen, kann dies schnell zu einschneidenden Auflagen führen und Ihrem eigentlich freundlichen Hund lebenslange Leinen- und Maulkorbpflicht einbringen.

Verantwortung

Kinder sollten auch mit dem sehr gut erzogenen Hund nicht alleine gelassen werden.

Fraglich ist, wie lange selbst der gutmütigste Vierbeiner solch' inniger Liebe geduldig standhält.

Leinen los

Nur mit Ihrer Hilfe kann der Hund lernen, sich angepasst zu verhalten. Eine gut funktionierende Kommunikation, durch die wir unsere Hunde zuverlässig beeinflussen können, schafft erst die Grundlage, sie frei laufen und geordnet selbst agieren zu lassen. So können wir Richtung und Distanz zum Vierbeiner regeln und gegebenenfalls vorausschauend Konfliktsituationen erkennen und Schwierigkeiten vermeiden. Echtes gegenseitiges Verstehen schafft die Basis für maximale Freiheit des Hundes unter Rücksichtnahme auf unser soziales Umfeld.

Schleppleine

Bis die Mensch-Hund-Beziehung jedoch aufgebaut und gefestigt ist, stellt die Schleppleine in konfliktträchtigen Situationen und bei noch fraglicher Einflussnahme auf den Hund ein sinnvolles Sicherungs- oder etwaiges Korrekturhilfsmittel dar.

In Ihren Händen
–Stabilität und Rückhalt

Freundschaft ist nicht nur ein kostbares Geschenk,
sondern auch eine dauerhafte Aufgabe.

Ernst Zacharias

Zuverlässigkeit

Damit sich Ihr Hund entspannen kann, sich voll und ganz bei Ihnen aufgehoben fühlt und er Sie als seinen ganz persönlichen Fels in der Brandung ansieht, bedarf es Beständigkeit in Ihrem Auftreten und Handeln. Der Hund braucht eine gewisse Konstanz, um zu erkennen, dass man sich voll und ganz auf Sie verlassen kann.

Nicht wildes Gezeter und Gestikulieren, sondern eine klare, ruhige Ausdrucksweise verschaffen uns beim Hund »Gehör«.

Hundeführer-Kompetenz

Im Wolfsrudel hat es der Rudelführer nicht nötig, sich mit lautem Gebrüll und aufbrausendem Gehabe andauernd Gehör zu verschaffen. Er glänzt durch Souveränität, lässt den Rudelmitgliedern bei Unwichtigem Spielraum und stellt mit unmissverständlichen Blicken und leisen Geräuschen klar, wenn etwas nicht seinen Vorstellungen entspricht, worauf der »Angesprochene« an diesen für uns kaum sichtbaren Zeichen die Lage erkennt und den Wünschen des Rudelführers nachkommt. Nur echte Notsituationen und anhaltender Widerstand der Untergebenen bedürfen eines größeren Einsatzes des Rudelführers. Selbst dann ist die Sache danach aber auch erledigt. Der Rudelführer ist nie nachtragend, sondern klärt einfach Situationen; das war's dann aber auch.

Jedes Rudeltier braucht eine Gemeinschaft, in der es sich aufgenommen fühlt. Es braucht auch in der Familie Führung durch souveräne Menschen. Souverän ist, wer ganz klar weiß, was er will und dies gefasst durchsetzt. Geschrei, Nervosität und Hektik sind ebenso wie anhaltende Verärgerung völlig fehl am Platz und torpedieren die Vertrauensstellung, denn jeder Hund durchschaut unser Inneres, kann echte Führungsqualität von aufgebrachter Machtdemonstration unterscheiden. Ruhe, Konstanz und Eindeutigkeit lassen uns in den Augen unserer Tiere wachsen und zeigen, dass man sich uns anvertrauen kann.

Erhält der Hund die Möglichkeit, sich an einer kompetenten Person zu orientieren, gibt ihm das Halt. Er entspannt sich, da er sich geborgen fühlt.

Vom Mitgefühl übermannt

Gehört Ihr vierbeiniger Wegbegleiter zu den unsicheren Charakteren, ist es durchaus verständlich, dass seine Angst Ihnen im Herzen wehtut. Doch Sie helfen ihm keinesfalls, wenn Sie versuchen, ihn zu trösten. Es ist nicht einmal hilfreich, ihn liebevoll zu ermuntern, wenn er gerade vor etwas Angst hat. Er versteht nicht Ihre Worte. Er bemerkt nur, dass auch Sie der bevorstehenden Begegnung besondere Beachtung schenken. In seiner Welt bedeutet das, dass es diesem Mehr an Aufmerksamkeit anscheinend bedarf, dass auch Ihnen klar ist, dass der Situation besondere Bedeutung beizumessen ist. Damit geht der Hund bei diesen Alltagskonstellationen in unangebrachte Habachtstellung und damit Anspannung.
Es ist wichtig, dass Sie dem unsicheren Hund jederzeit vermitteln, dass es sich um überhaupt nichts Außergewöhnliches handelt. Sie dürfen nicht zögern, nicht nochmals den Hund davor ermuntern, sondern streben zuversichtlich und ohne auf Ihren Vierbeiner einzugehen Ihrem Ziel entgegen.
Ich habe Hunde erlebt, die jahrelang vor Treppen standen und das Vorwärtsgehen verweigerten, somit eine richtige Phobie entwickelt hatten. Es wurde tröstend auf sie eingeredet, mit den besten Leckerchen gelockt. Keinerlei Veränderung! Dann aber, mit Schwung und ohne nach dem Vierbeiner zu sehen, den Überraschungseffekt nutzend, jedes Verzögern des Hundes ignorierend, klappte es dann plötzlich. Mehrere Wiederholungen festigten den Erfolg.

Neues erlernen

Anders liegt der Fall, wenn der Hund an bislang unbekannte Dinge zum ersten Mal herangeführt werden soll. Hier kann es durchaus von Vorteil sein, die erste Skepsis vor dem Neuen durch Leckerchen überwinden zu helfen. Mit dem leckeren Anreiz wird der Fokus auf das Unbekannte reduziert, nimmt ihm den Status drohender Gefahr. Dem Welpen die ersten Stufen im wahrsten Sinne des Wortes schmackhaft zu machen, kann schnell Erfolg bringen.

Familienmitglieder

Es wäre sehr wünschenswert, wenn alle Personen in Ihrem Haushalt in gleicher Weise mit dem Hund umgehen würden. So erwirbt sich dann jedes Familienmitglied einen hohen Rang im Ansehen des Vierbeiners, wird von ihm geachtet und damit zum kompetenten »Ansprechpartner« für den Hund.

Besprechen Sie am besten schon vorher, was Sie wie in der Familie handhaben wollen und bleiben Sie den Vereinbarungen treu. Damit machen Sie es Ihrem Hund leicht, zu lernen, was in Ihrem Zuhause als richtig oder falsch angesehen wird.
Aber selbst wenn ein Familienmitglied leider nicht mitspielt, wird der Hund bei den übrigen die Regeln bald akzeptieren. Hunde (wie übrigens auch Kinder) können durchaus unterscheiden, bei wem sie was tun dürfen. Die konsequenten Menschen haben beim Hund einen weitaus besseren Stand und werden von ihm geachtet. Die nachlässigeren, wankelmütigen, die je nach Laune den Vierbeiner auch gern mal verwöhnen, sind beim Hund zwar zeitweise sehr beliebt, werden jedoch von ihm eher benutzt als wertgeschätzt und haben kaum Einfluss auf ihn, wenn es drauf ankommt.

In Ihren Händen

Wenn der Vierbeiner so interessiert schaut, aber nicht tut, was man von ihm erwartet, hat er uns einfach (noch) nicht verstanden. Geduld!

Der gute Lehrer

Es ist unsere Aufgabe, unseren Hund in die Menschenwelt einzuführen und durch sein ganzes Leben zu begleiten. Als gute Lehrer sollten wir hierzu auch genügend Geduld mitbringen. Erst muss der Vierbeiner die Chance erhalten, wirklich zu begreifen, was wir von ihm erwarten. Das funktioniert nicht immer gleich, gehört er doch einer anderen Spezies an. Wenn Sie ungehalten reagieren, bevor Ihr Vierbeiner ganz erfasst hat, was er tun soll, lassen Sie ihn im Stich, denn er kann ihren Ärger in keiner Weise nachvollziehen. Damit setzen Sie die Vertrauensbasis aufs Spiel.

Gut Ding will Weile haben

Geben Sie ihm alle Zeit, die er braucht. Werden Sie nicht ungeduldig. Oft sind unheimlich viele Wiederholungen nötig. Vielleicht findet sich im Einzelfall auch noch ein anderer Weg, das Ziel zu erreichen. Wir kommen später im Einzelnen darauf zurück.

Achtung: Als überschwängliches Lob gedacht, wird die etwas zu drängende Nähe vom sensiblen Hund nicht mehr positiv empfunden.

Eindeutigkeit

Wir Menschen machen es unseren Vierbeinern oft nicht leicht, zu erkennen, was wir von ihnen möchten. Unsere Worte bedeuten nicht immer dasselbe, unsere Mimik und unsere Gesten entsprechen nicht grundsätzlich den von uns gewählten Worten und unsere Entscheidungen sind allzu oft stimmungsabhängig. Damit verwirren wir unsere Hunde.

Rahmenbedingungen

Sie alleine entscheiden, was Sie persönlich Ihrem Hund zugestehen möchten. Ob Ihr Vierbeiner auf den neuen Familiensessel darf oder nicht, hat nichts mit guter oder schlechter Erziehung zu tun, sondern ist einzig Ihre Entscheidung. Jedoch müssen Sie zu dieser dann auch stehen und sie konstant vertreten.

Wankelmut

Welchen Reim soll sich der Hund darauf machen, dass er gestern ungehindert auf dem Bett liegen durfte, es heute deswegen plötzlich richtig Ärger gibt? Manchmal lässt sich Herrchen wunderbar an der Leine mitziehen, ein andermal wird geschimpft. Wie soll der Vierbeiner da erkennen, was in unseren Augen richtig oder falsch ist?

Beispiel: Der Postbote
Es klingelt an der Tür. Aufgeregt folgt Ihnen der Vierbeiner mit lautem Gebell. Nein, so soll das Ihrer Meinung nach generell nicht ablaufen. Sie schicken den Hund verärgert ins Körbchen. Er dreht zwar kurz, legt sich dann aber einfach direkt auf den Boden.
Na ja, wenigstens ist nun Ruhe und man kann den Postboten an der Tür endlich abfertigen.
So einfach ist das aber leider nicht, denn so ganz nebenbei hat der Hund damit leider erkannt, dass man Ihren Signalen nicht korrekt folgen muss.

Beim Hund ist das nicht anders. Wenn ich ihn heute wütend von der Couch vertreibe, morgen jedoch entspannt dort liegen lasse, erkennt er, dass es ab und an auch mal besser für ihn laufen kann, lernt, dass er sich einfach mehr ins Zeug legen muss, um das Gewünschte zu erreichen. So werden diese Situationen immer häufiger auftreten und den Stresspegel bei Hund und Halter stetig ansteigen lassen.

Folgen von Inkonsequenz
Verdeutlichen wir uns nochmals, wie Unbeständigkeit unsererseits vom Hund verstanden wird:
- Der Hund kann nicht erkennen, was wir präzise von ihm erwarten.
  »Auf die Couch: ja oder nein?«
- Unsere Reaktion ist nicht berechenbar, was uns in Hundeaugen schwach und unfähig aussehen lässt.
  »Gestern freundlich, heute cholerisch. Wow, nicht gerade führungsstark; Herrchen weiß nicht, was es will.«
- Unsere wechselhafte Reaktion erhöht die Motivation beim Hund, es immer wieder zu probieren und wenn nötig den Widerstand zu steigern.
  »Na gestern hat es doch geklappt. Am Ball bleiben!«

Noch fünf Minuten

Für das Kind wird es Zeit, ins Bett zu gehen. »Bitte«, bettelt der Kleine, »darf ich nur noch fünf Minuten fernsehen?« Sie lassen sich breitschlagen und genehmigen die kurze Spanne. Als diese verstrichen ist, beginnt die Diskussion von Neuem.

Aus Ihrer Nachgiebigkeit hat das Kind gelernt, dass es sich beim Jammern nur richtig ins Zeug legen muss, dann wird es schon klappen; nicht immer, aber doch immer mal wieder. Mit dem sicherlich gutgemeinten Entgegenkommen haben Sie nicht nur Ihre eigene aktuelle Aufforderung zum Schlafengehen untergraben, sondern auch vermittelt, dass Ihre Entscheidung nicht wirklich endgültig ist. Sie haben unbeabsichtigt programmiert, dass künftig Ihre Forderungen jedes Mal hinterfragt werden. Da die Chance, sei sie noch so gering, weiterhin besteht, doch ans Ziel zu gelangen, wächst auch die Bereitschaft, das Maß des Widerstandes zu erhöhen. In unserem Beispiel wird das Quengeln nötigenfalls noch zunehmen, denn das Kind rechnet damit, dass mit einem Mehr an Aufwand doch noch etwas herausspringen könnte.

Konsequenz, nicht Härte

Das meist negativ besetzte Wort Konsequenz hat nichts mit Druck, Gewalt und Sturheit zu tun. Mit Konsequenz schaffen Sie Klarheit und Verlässlichkeit, die es Ihrem Vierbeiner überhaupt erst ermöglicht, dazuzulernen und sich bei Ihnen sicher zu fühlen.

Sie haben das letzte Wort
Jedoch dürfen Sie als Rudelführer natürlich situationsbedingt eine entgegengesetzte Entscheidung treffen. Diese muss jedoch für den Hund immer sehr klar durch passende Sicht- oder Hörzeichen zu erkennen sein.

Beispiel: Rechte aktuell einschränken

Nehmen wir einmal an, Ihrem Vierbeiner ist üblicherweise die Nutzung der Couch erlaubt. Nun aber fordern Sie ihn freundlich aber unmissverständlich auf, diese für Besuch zu räumen. In diesem Fall darf das jedoch in keiner Weise für den Hund als Maßregelung empfunden werden. Es gibt keinerlei Grund für Verärgerung, sondern nur eine normale Aufforderung an Ihren Vierbeiner, der er nachkommen muss.

Einzig im Falle einer Weigerung, Ihren Wünschen Folge zu leisten, müssten Sie von einer freundlichen auf eine sehr bestimmte, korrigierende Aufforderung übergehen.

Beispiel: Ausnahmen aktuell gewähren

Umgekehrt ist es vielleicht Ihrem Hund normalerweise untersagt, auf der Couch zu liegen, während Sie ihn heute Abend zu gemeinsamen Kuscheleinheiten direkt zu sich auf diese rufen. Im Prinzip gilt für den Hund in unserem Beispiel nur die klare, immer gültige Regelung: Der Aufforderung meiner Menschen ist generell nachzukommen. Insofern liegt in unserem Beispiel kein Regelbruch vor, sondern eine klare Vorgabe, die der Hund mit der Zeit verinnerlicht.

So würden Sie in diesem Fall den Hund zwar bestimmt und korrigierend von der Couch weisen, wenn er dort eigenmächtig den Platz eingenommen hätte, jedoch nur klar und freundlich zum Verlassen auffordern, wenn Sie ihn zu sich auf die Couch gerufen hatten und die gemeinsame Kuschelstunde nun beenden wollen.

Erschwerte Bedingungen

Wenngleich es grundsätzlich Ihr Recht ist, von Fall zu Fall eine Regel außer Kraft zu setzen, ist es sinnvoll, wenigstens in der Aufbauphase einer solchen, dies selten zu tun. Es verwirrt den Hund nur unnötig und macht es ihm, zumindest bis die Verhältnisse stabil geklärt sind, schwer, die ihm gesetzten Grenzen tatsächlich klar zu verstehen.

Ausnahmen klar erkennbar

Generell aufgestellte Regeln dürfen nur durch klare Signale vom Menschen situationsbezogen außer Kraft gesetzt werden.

Nachsicht?

Gerade wenn unser Vierbeiner krank oder aus anderen Gründen gerade aus der Fassung geraten, also offensichtlich gestresst ist, neigen wir dazu, bei unseren Anforderungen nachgiebig zu sein und nicht mehr so genau auf die korrekte Umsetzung unserer Signale zu bestehen. »Jetzt ist er doch schon angeschlagen. Da kann ich doch nicht noch pingelig sein.« Ein Fehler, der auf falsch verstandenem Mitleid beruht.

Hatte man beispielsweise ein PLATZ eingefordert und gibt sich damit zufrieden, dass sich der Vierbeiner nun setzt, verliert man in Hundeaugen an Beständigkeit und schwächt die eigene Autorität. Will sich der Hund voll und ganz auf seinen Menschen stützen, muss ihm dieser Sicherheit vermitteln, zeigen dass er immer weiß, was er will und dies auch jederzeit durchsetzt. Das und

Wäre es generell respektlos, sich auf seinen Menschen obenauf zu legen, sieht es mit dessen Einladung natürlich anders aus. Die zurückgelegten Ohren von Thy zeigen, dass die Beziehung stimmt, die Vormachtstellung seines Menschen außer Frage steht.

nur das verdeutlicht dem Hund unsere souveräne Haltung. Damit geben Sie Ihrem Vierbeiner einen immer gleichen Rahmen, der ihn wie ein Kokon sein ganzes Leben wohlwollend umschließt. Zu schnell empfindet der Hund unser eigentlich gutgemeintes Zugeständnis als Schwäche, im Sinne von Wankelmut, also mangelhafte Zuverlässigkeit. Wenn wir etwas zu unserem Vierbeiner sagen, muss dies jederzeit verbindlich sein und eingefordert werden, beziehungsweise deren Ausführung wenn nötig korrigiert werden. Das ist oft mühsam, aber ganz sicher der Mühe wert.

Umsicht
Aber natürlich liegt es an uns, den Hund in schwierigen Situationen nicht auch noch über Gebühr zu belasten. Ein bereits gegebenes Signal muss entweder korrekt eingefordert oder durch ein neues Hör- oder Sichtzeichen gezielt außer Kraft gesetzt werden, um Ihre Kompetenz nicht in Frage zu stellen.
Fordertern Sie beispielsweise von Ihrem alten Hund ein Platz und merken plötzlich, wie schwer sich der Hundesenior heute damit tut, dies auszuführen, können Sie ganz gezielt die Forderung auflösen, indem Sie durch ein KOMM die alte Forderung durch eine neue ersetzen.

Diskrepanzen
Äußerst wichtig ist auch, dass die von Ihnen ausgesendeten Signale stimmig sind. Kommt es zu Widersprüchen, ist der Hund verwirrt, aber auch gezwungen selbst eine Entscheidung zu treffen. Da Hunde körpersprachlich orientiert sind, werden sie immer auch auf unsere Körpersprache achten. Kommt es nun zu Widersprüchen zwischen unserer Körpersprache und einem von uns gegebenen Hörsignal, wird der Hund sich aller Wahrscheinlichkeit nach für die Körpersprache entscheiden, denn diese ist seine eigene Muttersprache, das Hörzeichen gehört bestenfalls zur erlernten Fremdsprache.

Wir Menschen registrieren in solchen Fällen dann nur den scheinbaren Ungehorsam und meinen den Hund maßregeln zu müssen.

Beispiel: Die Tante
Eine ältere Tante »überrascht« Sie des Öfteren mit einem Besuch. Spitz weißt sie regelmäßig auf einige Mängel in Ihrer Einrichtung hin und lässt nicht unerwähnt, dass der Hund, dessen Aufenthalt im Haus ihr ein Dorn im Auge ist, damit zu tun haben könnte. Kurzum: Sie können die Dame nicht leiden, sind aber zu höflich, um sie abzuwehren.

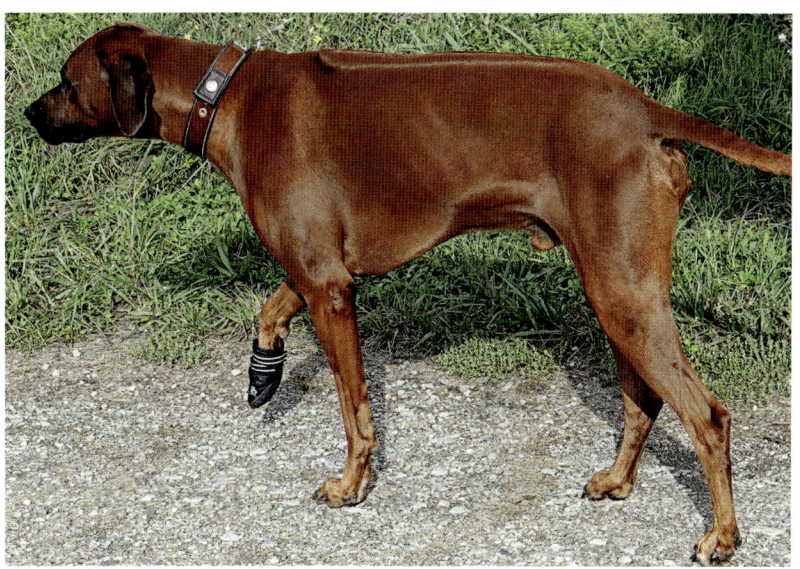

Ist dieser Hund durch den Überschuh schon gestresst, sollte man die Anforderungen an ihn minimieren und nur das von ihm verlangen, was er mühelos und natürlich schmerzfrei leisten kann.

Es klingelt. Sie haben am Fenster bereits gesehen, dass die »liebe« Tante mal wieder anrückt. Der Hund bellt. Sie schicken ihn genervt ins Körbchen und machen sich auf den Weg zur Tür. Während Sie ein Lächeln für die Tante zur Schau stellen, rennt der Hund bellend an Ihnen vorbei zur Tür. An Ihren unbewusst gelieferten Körpersignalen konnte er ganz klar erkennen, wie Sie in Wahrheit zu der Verwandten stehen, pflichtet Ihren Gefühlen eigentlich nur bei. Genaugenommen handelt Ihr Hund buchstäblich in Ihrem Sinn. So tritt das von Ihnen gegebene Hörsignal für ihn in den Hintergrund.

Wie sollte er nun verstehen, dass er etwas falsch gemacht hat?

Körpersprache in Konkurrenz zum Hörzeichen

Ein im Vergleich zur Körpersprache für einen Hund nur zweitrangiges Hörzeichen wird von ihm in Konkurrenz zur Körpersprache nur dann befolgt, wenn es zum einen richtig konditioniert und konsequent angewandt wurde, zum anderen auch ganz bewusst und glaubwürdig von seinem Menschen eingefordert wird.

Der Vorführeffekt

In der Hundeschule wurde fleißig geübt, zuhause weiter trainiert, sodass wir uns über beachtliche Fortschritte bei unserem Vierbeiner freuen durften. Als unerwartet in der Nähe ein Bekannter auftaucht, benimmt sich jedoch unser inzwischen recht wohlerzogener Hund nun plötzlich richtig daneben. Warum nur?

Unsere Vierbeiner sind fantastische Beobachter. Unsere plötzliche Angst, der Hund könnte uns gerade vor dieser Person blamieren, ist uns nicht nur ins Gesicht geschrieben, sondern aus jeder Faser unseres Körpers für ihn zu entziffern. Stresshormone komplettieren auch noch geruchlich den Eindruck, dass es mit unserer Souveränität derzeit nicht mehr weit her ist.

»Herrchen ist momentan verunsichert. Von Führungsqualität keine Spur.«

Aber ein Rudel, sei es noch so klein, braucht in den Augen des Hundes einen Rudelführer. Wirkt sein Mensch aktuell dafür nicht ausreichend imstande, fühlt sich der Vierbeiner verpflichtet, die Führung selbst zu übernehmen. Dass ein Hund diese Führungsaufgabe meist anders interpretiert als ein Mensch, ist kaum verwunderlich. So sind seine Reaktionen weder im Voraus einzuschätzen noch in unseren Augen angemessen zu erwarten.

Ist man aber beispielsweise im Urlaub, umgeben von fremden Menschen, zeigt sich der Hund immer ganz unproblematisch. Da unser Ruf nicht auf dem Spiel steht, bleiben wir entspannt. So fühlt sich der Hund gut aufgehoben und sieht sich nicht in die Führungsposition gedrängt.

So geht es leichter

Doch wie soll man als Hundehalter Sicherheit verkörpern, wenn sie einem einfach nicht gegeben ist? Hier ist es besonders wichtig, viel mit dem Vierbeiner zu üben und an den Erfolgen die eigene Sicherheit Schritt für Schritt mit steigendem Schwierigkeitsgrad aufzubauen. Gelingen die Übungen problemlos zuhause, wagt man sich zuerst in abgeschiedene Außengebiete bis man letztendlich auch in frequentiertem Umfeld Erfolge verbuchen kann.

Trainieren Sie bei Problemen an Orten, an denen man Sie nicht kennt. Hier fällt es Ihnen leichter, sich auf den Hund zu konzentrieren. Mögliche Beobachter sind Ihnen gleichgültig. Das macht Sie zum entspannten und souveränen Hundeführer, was Ihr Vierbeiner sofort registrieren und honorieren wird. Sie selbst werden an diesen immer öfter errungenen Erfolgen in fremden Gefilden ebenfalls wachsen, bemerken, zu was Sie inzwischen fähig sind.

Jedoch überrascht einen das Leben immer wieder. Sehen Sie sich plötzlich unangenehmen Situatio-

nen ausgesetzt und haben Angst, sich eine Blöße zu geben, versuchen Sie es mit einem wissenschaftlich bestätigten Phänomen:
Ist man selbstsicher, strahlt dies unser Körper aus. Wir gehen aufrecht, die Schultern sind gestrafft. Inzwischen ist man sich einig, dass diese Abhängigkeit körperlicher Ausstrahlung von der inneren Einstellung auch umgekehrt werden kann. Nimmt man bewusst Haltung an und atmet ruhig durch, wirkt sich das unmittelbar auf unseren ganzen Körper aus, verändert sogar unseren Hormonstatus und schlägt sich wiederum auf unsere Stimmung nieder, worauf wir tatsächlich sicherer werden. Einen Versuch ist es allemal wert: Schultern zurück, aufrechte Haltung, ruhige, tiefe Atmung und sich selbst versichern, dass alles wunschgemäß verlaufen wird. Schließlich hat man ja reichlich geübt.

Entspanntes Umfeld

Es ist somit sehr hilfreich, wenigstens im Aufbau jeder Ausbildungsphase des Hundes, möglichst nur mit Menschen zu trainieren, die einem positiv gegenüberstehen und denen man nichts beweisen muss.

Alle Trainingspartner sollten sich über den Erfolg der anderen mitfreuen und Spaß daran haben, auszutesten, was alles machbar ist.

Andernfalls wird unsere Angst, der eigene Hund könnte uns bloßstellen, von ihm wahrgenommen. Das verunsichert unseren Vierbeiner, sodass er möglicherweise der an ihn gerichteten Anforderung nicht mehr korrekt nachkommt; es fehlt ihm die mentale Rückendeckung seines Menschen.

Unter entspannten Menschen lässt sich mit den Hunden sehr effektiv Neues aufbauen, denn die Stimmung überträgt sich auf die Hunde.

Selbstvertrauen

Das Selbstvertrauen des Hundeführers ist von ausgesprochen großer Bedeutung. Ich spreche hier von begründetem Selbstvertrauen, nicht von aufgeplustertem Machtgehabe oder dummer Selbstüberschätzung, die vom Hund sowieso schnell durchschaut werden.

Berechtigtes Selbstbewusstsein basiert auf Kompetenz. Mit gut durchdachtem und logischem Auftreten, können Sie sich diese Schritt für Schritt erwerben. Damit haben Sie dann auch allen Grund stolz auf sich zu sein. Führen Sie sich das vor Augen. Dieses Buch liefert Ihnen das Hintergrundwissen, mit dem Sie die nötige Kompetenz erwerben können. Danach sollten Sie alle Zweifel beiseiteschieben und das jeweilige Ziel, im Wissen, dass Sie nun die Hintergründe kennen, in Angriff nehmen. Nicht »Versuchen wir es mal.«, sondern »Mein Hund und ich können das.«, nicht, »Hoffentlich klappt's«, sondern »Alles klar, ich weiß wie es geht!«. Wenn Sie sich selbst bewusstmachen, dass Sie nun wissen, auf was es ankommt, wird das Ihr Vierbeiner sofort bemerken und sich Ihnen freudig anschließen.

Ignorieren

Immer wieder hört und liest man, positives Verhalten müsse bestärkt, negatives ignoriert werden.

Highlife im Jugendzimmer

Aus dem Zimmer Ihres Teenagers im oberen Stockwerk dröhnt seit einiger Zeit laute Musik. Einige Mitschüler sind zu Besuch und der Geräuschpegel scheint stetig anzusteigen. Genervt beschließen Sie mal nachzusehen. Beim Öffnen der Tür läuft nicht nur Ihr Gehör Gefahr lebenslang Schaden zu nehmen, auch ein ungewöhnlicher Geruch strömt Ihnen entgegen.

Würden Sie nun die Tür wieder leise schließen und erwarten, dass die Halbwüchsigen aus eigenen Stücken sowohl die Anlage auf Zimmerlautstärke zurückdrehen, als auch mit dem Rauchen der von Ihnen nicht klar identifizierbaren Substanz aufhören?

Wenn ich ignoriere, dass mein Hund auf der Couch liegt, obwohl ich das prinzipiell nicht möchte, wird er dies in gutem Glauben, dass das okay ist, auch weiterhin tun. Er bemerkt nur, dass er dort äußerst bequem liegt. Durch Ignorieren kann er meinen Ärger nicht erkennen. Also bleibt mir nichts anderes übrig, als es immer zu verbieten. Je nach Charakter des Hundes wird er mehr oder weniger schnell begreifen, dass es angenehmer ist, auf diesen Liegeplatz zu verzichten, als immer wieder vertrieben und gerügt zu werden.

Glücksspiel macht süchtig!

Verzichte ich jedoch aus Bequemlichkeit auch nur ein einziges Mal darauf, den Hund von der Couch zu verweisen, wittert er die Chance, den begehrten Platz doch noch erobern zu können. Mit Hartnäckigkeit wird er unzählige Versuche starten. Es könnte ja doch mal wieder funktionieren. Schnell wird das Ganze für den Hund zum Glücksspiel.

Der Lottospieler

Obwohl jedem bewusst ist, dass die Chance, beim Glücksspiel zu gewinnen, extrem klein ist, lässt die Tatsache, dass es ab und zu doch Gewinner gibt, viele Zeitgenossen ihr ganzes Leben den wöchentlichen Lottoschein ausfüllen. Gerade der seltene Erfolg spornt an. Das geht dem Lottospieler genauso wie unserem Hund.

Ignorieren oder Grenzen setzen?

Mit Ignorieren kommt man nur bei forderndem Verhalten weiter. Wenn der Hund etwas von uns erwartet, zeigt ihm unsere Untätigkeit, dass seine Bemühungen erfolglos bleiben und lassen ihn aufgrund dieser Erfahrungen mit der Zeit davon abkommen. Ignoriere ich also den bettelnden Hund, wird er bald darauf verzichten uns anzumachten. Ein Fehlverhalten, das selbstbelohnend ist, dem Hund also direkt ohne unser Zutun Vorteile

Wie gerne würde der Hund am Kind schnuppern. Ignorieren hilft da wenig. Frauchen hat ihm vermittelt, Abstand zu halten.

verschafft, muss konsequent verboten werden. Entwendet der Vierbeiner das Schnitzel vom Tisch, wird Ignorieren ihn künftig nicht davon abhalten. Hier bedarf es anderer Mittel. Dem Hund muss das Verhalten auf Dauer verleidet werden. Beim sensibleren Hund reicht oft ein klares NEIN, bei einem verfressenen Beagle ist es möglicherweise nötig, zusätzlich das nächste Schnitzel so zu platzieren, dass beim Stibitzen gleichzeitig kunstvoll drapierte Dosen geräuschvoll zu Boden fallen, um ihm den Diebstahl zu vermiesen.

In unserer dicht besiedelten Welt kommen weder Mensch noch Tier ohne Grenzen aus. Jedoch ist es unsere Aufgabe, unseren Hunden die Grenzen, die wir ihnen setzen wollen, klar erkennbar zu machen.

Konsequent bis ans Ende

Bitte bleiben Sie das ganze Leben Ihres Hundes für ihn eine ganz und gar verlässliche Größe. Sie tun ihm keineswegs einen Gefallen, wenn Sie aus Mitleid darauf verzichten, Forderungen an ihn zu stellen und nun nicht mehr auf früher festgelegte Regeln zu bestehen. Er braucht Sie als Konstante, die ihm Rahmen im sich mehr und mehr veränderten Leben schenkt. Er wird unsicherer, verliert vielleicht zunehmend Augenlicht oder Gehör, die Gelenke schmerzen. Hunde leiden wie wir Menschen unter den nachlassenden Fähigkeiten und den damit sich ändernden Lebensumständen. Wie schön, wenn es in dieser Veränderung noch zuverlässige Muster gibt. Musste er zeitlebens am Futternapf warten, bis er mit dem Fressen beginnen durfte, sollte man das unbedingt auch weiter beibehalten. Solche Dinge sind feste Größen, an denen sich der Senior auch weiterhin orientieren kann. Nehmen Sie Ihrem Hund, ob alt oder krank nicht sein gewohntes Leben; es gibt ihm Halt.

Fordern mit Bedacht

Doch bedenken Sie immer sorgfältig, was Sie aktuell Ihrem Vierbeiner guten Gewissens abverlangen können, was seiner Tagesform entspricht. Was er jedoch leisten kann, sollte er auch von Zeit zu Zeit präsentieren dürfen. Danach kann man kräftig loben, was auch dem Hundesenior wieder Auftrieb gibt. Wir alle wollen beachtet und auch mal gelobt werden. Das geht unseren Hunden nicht anders. Was unser tierischer Gefährte noch zustande bringt, sollte genutzt werden, um ihm anschließend mit dem Lob unseren Respekt zollen zu können.

Exkurs

Unter der Lupe
Andere Länder, andere Sitten

(Hund sein ... in der hundefreundlichsten Stadt der Welt, Martina Stricker, WUFF 03/19)

> Der Wunsch ein Tier zu halten entspringt einem uralten Grundmotiv: der Sehnsucht des Kulturmenschen nach dem verlorenen Paradies.
>
> Konrad Lorenz

Exkurs

Entspanntes Miteinander

Tel Aviv, die quirlige Großstadt mit fast einer halben Million Einwohnern auf engstem Raum, scheint eigentlich nicht der geeignete Platz für Hunde zu sein. Wolkenkratzer, verkehrsreiche Straßen, lautes, pulsierendes Leben rund um die Uhr, doch keine Waldgebiete, kein freies Feld. Und doch überrascht genau das: Im ganzen Stadtbild Hunde aller Rassen und Mischungen, aller Farben und Größen, mit ihren Menschen entspannt unterwegs bei Tag und Nacht. Hier leben ca. 30.000 Hunde, wofür die Stadt 80, ja Sie lesen richtig, 80 Hundeauslaufareale zur Verfügung stellt.

Sicherlich ist man in dieser Stadt extrem tierfreundlich, auch besonders tierschutzbewusst, was sich unter anderem in einem ungewöhnlich hohen Prozentsatz an Vegetariern und Veganern in der Bevölkerung ablesen lässt. Doch reicht dies als Erklärung für diese außergewöhnliche Hunde-Dichte kaum aus.

Während die Hunde toben, lesen die Besitzer entspannt Zeitung oder arbeiten an ihren Laptops

Exkurs

Ehrliche, unvoreingenommene Nähe

Es ist eine Stadt, in der die Bevölkerung überdurchschnittlich jung und von auffallend vielen Singles geprägt ist. Ebenso wie das Rudeltier Hund ist auch der Mensch ein soziales Wesen, braucht Nähe und ein Miteinander. Dies umso mehr, wenn er oft Stress ausgesetzt ist. Jeder Hundehalter kann das Ergebnis vieler Studien bestätigen, wonach uns Hunde guttun. Das Zusammenleben mit ihnen kann nachweislich unsere Gesundheit positiv beeinflussen.

Hunde sind nicht arglistig, wissen nichts von Täuschung oder intrigantem Verhalten. Hunde kommen freundlich auf uns zu, halten uns die Treue und berühren unser Innerstes. Vielleicht liegt darin der Grund, dass sie mit ihrer bedingungslosen Zuneigung und Unverfälschtheit in dieser politisch unsicheren Stadt offensichtlich eine ganz besondere Rolle spielen. Etwaige Gefahr geht von Menschen aus, nicht von Tieren.

Kein Raum für Nichtigkeiten

Im deutschsprachigen Raum belasten uns kaum noch wirklich existenzielle Probleme, was uns leider nicht davon abhält, uns schnell zu beklagen. Wie heißt es oft treffend: Wir jammern auf höchstem Niveau. Man wählt den Rechtsweg, weil der Hahn in der Nachbarschaft tatsächlich morgens kräht. Mit Unterschriftensammlungen gehen Bürger auch mal gegen den Bau eines Kindergartens oder Pflegeheimes vor. Wir können uns den Luxus erlauben, uns mit Spitzfindigkeiten aufzuhalten und bestehen nachdrücklich auf unseren Rechten, seien sie noch so unbedeutend.

Wessen Leben jedoch tagtäglich einer latenten Bedrohung ausgesetzt ist, scheint sich nicht über Unwichtiges aufregen zu wollen und hat gelernt, echte Gefahr von unechter zu unterscheiden.

Die Vierbeiner gehören einfach dazu und sind auch bei Nichthundebesitzern gern gesehene Gäste.

Exkurs

Hunde und Menschen aktiv und entspannt.

Alltag in einer Großstadt

So scheint man in dieser Metropole Hunde (übrigens auch Katzen) überall als Mitgeschöpfe anzunehmen. Sie begleiten ihre Besitzer beim Sport am Strand, beim Bummeln in den belebten Straßen und zu jeglichen Treffen in Cafés und Restaurants. In Ermangelung von Wald und Flur unterwegs in Gassen, auf Boulevards und Promenaden haben sich die Hundebesitzer daran gewöhnt, jederzeit eine meist an der Leine festgeknotete Tüte mitzuführen, um die Hinterlassenschaften ihrer Lieblinge ordnungsgemäß zu entsorgen. Dies wird auch bis auf ausgesprochen wenige Ausnahmen vorbildlich praktiziert. Anders würde die auffällige Konzentration an Vierbeinern wohl kaum gesellschaftlich derart akzeptiert.

Laisser-faire

Niemand stört sich am Hund, der vom Nachbartisch herüberkommt. Ohne die Unterhaltung zu unterbrechen, wird er so ganz nebenbei gestreichelt und trollt sich dann wieder. Niemand regt sich auf, weil der fremde Vierbeiner das eigene Bein streift oder mit seiner Nase am Kleinkind schnüffelt. Hunde gehören zum Alltag und werden in den unzähligen Hundeparks der Stadt mehrfach täglich zu ihren Artgenossen gebracht. Dort wird getobt und auch mal gedöst, während die Besitzer wohlwollend zusehen, Zeitung lesen oder an ihren Laptops arbeiten. Löst sich ein Hund, wird das Ganze sofort entsorgt. Von Zeit zu Zeit steht ein Mensch auf und drückt auf den Hahn eines Wasserspenders, der den Hunden in jedem Park zur Erfrischung zur Verfügung steht. Dabei ist es eine Selbstverständlichkeit, jeden hinzutretenden Hund gleich mitzuversorgen.

Entspannung pur

Nicht zu übersehen ist, dass der ausgeglichene Umgang der Menschen mit den Tieren entspannte Vierbeiner schafft, die sich in dieser lockeren Atmosphäre unverkrampft entfalten können und die Unbeschwertheit widerspiegeln.

Exkurs

Wichtiges übernehmen

Auch wenn uns Hundehalter dieser Blick in Nachbars Garten vielleicht neidisch werden lässt: Diese ungezwungene Stimmung lässt sich nicht einfach in unser Umfeld übertragen. Die Toleranz sowohl zwischen Nichthundebesitzern und Hundehaltern, als auch untereinander ist bei uns kaum vorstellbar. Wir regeln gerne alles bis ins Detail. Hunde werden bei uns nur noch akzeptiert, wenn sie sich wohlerzogen einfügen und ihre Besitzer gelernt haben, ihren Vierbeiner unauffällig bei sich zu behalten. Das mag man beklagen, ist aber eine Tatsache, der wir Rechnung tragen müssen.

Gesetzestreue

In Mitteleuropa wird schon seit Jahren gegen Hunde und ihre Halter mobil gemacht. Auch wenn sich bei nicht wenigen der tragischen Vorfälle mit Hunden in der Vergangenheit herausstellte, dass es bereits von Amts wegen Auflagen gegen die auffällig gewordenen Halter gegeben hatte, es aber versäumt worden war, deren ordnungsgemäße Umsetzung zu kontrollieren, nutzte mancher Politiker den populistischen Ruf in der Bevölkerung nach gesetzlichen Verschärfungen, um sich mit erweiterten Gefahrenverordnungen zu profilieren. Dass dies einer Art Sippenhaft aller Hunde und deren Halter gleichkam, kümmerte wenig, denn Hundehalter sind sich viel zu uneinig, als dass man mit ihnen als starke Kraft bei Wahlen rechnen müsste.

Vom Hundehalter wird bei uns erwartet, dass er seinen Hund jederzeit kontrollieren kann und dafür sorgt, dass die Mitmenschen vom Vierbeiner unbehelligt bleiben. Ansonsten hat jeder von uns mit Repressalien zu rechnen.

Mangel an Toleranz

Wo Fußgänger gegen Radfahrer, Mountainbiker gegen Nordic Walker oder Waldspaziergänger gegen Reiter vorgehen, kann man auch für Hunde nicht mit Toleranz rechnen. Wer überall auf seine eigenen Rechte pocht, muss sie auch anderen zugestehen.

Träumen wir nicht von einem Schlaraffenland für Hunde. Das wäre unrealistisch. Zu viele Menschen haben inzwischen durch das wiederholte Thematisieren statistischer Einzelfälle tatsächlich Angst vor Hunden. Angst, die wir ernst nehmen müssen, sei sie objektiv begründet oder nicht.

So bleibt uns nur, die Erziehung unserer tierischen Gefährten auf eine belastbare Basis zu stellen, um den heutigen Anforderungen gerecht zu werden.

Abgeschaut

Doch können wir durchaus von den Erfahrungen der »hundefreundlichsten Stadt der Welt«, wie Tel Aviv genannt wird, lernen und einen bestimmten Aspekt auf unsere Einstellung und unser Verhalten übertragen.

Wir sollten uns bewusst machen, wie ausgesprochen positiv sich Gelassenheit auswirkt. Dabei geht es nicht um blauäugiges Ausblenden von Konfliktpotential, sondern darum, den Hund kompetent und unaufgeregt durchs Leben zu leiten und zu begleiten. Damit erhalten wir aufgrund

Exkurs

Berufstätige geben ihre Vierbeiner gern in die Obhut von Gassigängern, die große Gruppen souverän ausführen.

der Stimmungsübertragung wesentlich unkompliziertere Vierbeiner, deren Leben und damit auch unseres definitiv von weniger Stress geprägt ist. Im entspannten Menschen erkennt der Hund den souveränen Rudelführer, der alles Wichtige regelt und ihm den Rücken freihält. Letztendlich geht es dabei Beiden besser, dem Menschen wie seinem Hund.

Grund zu Gelassenheit

Doch nicht jeder von uns ist der coole Typ. Gerade weil unsere Hunde im Fokus stehen, ist uns nur allzu bewusst, dass es keine Zwischenfälle geben darf. Das trägt nicht gerade zur Entspannung bei.

Zum souveränen Hundeführer wird man durch Kompetenz. Wer mit seinem Hund fleißig alle erdenklichen Alltagssituationen trainiert, verschafft nicht nur seinem Vierbeiner Routine, sondern erweitert auch stetig die eigenen Fähigkeiten. Neben der hierdurch erworbenen Alltagstauglichkeit können Freizeitaktivitäten, die gezielt auf Teamwork setzen, das Miteinander von Mensch und Hund zusätzlich intensivieren.

In diesem Buch erhalten Sie das umfassende Rüstzeug, das es Ihnen ermöglicht, tagtäglich die Lage im Griff und deshalb allen Grund zu haben, entspannt zu bleiben.

Welpen-Extra
– Wissenswertes für die Jüngsten

Wenn man einen Welpen mit nach Hause bringt,
beginnt eine lebenslange Freundschaft.

Betsy Brevitz

Sozialisierung

Noch sind die Kleinen unvoreingenommen und allem Neuen gegenüber aufgeschlossen. Das kann man prima nutzen und den Welpen möglichst überall hin mitnehmen.

Umweltreize

Staubsauger, Rollator, Inlineskates, Pferde, Mülltonnen, fahrende Züge, Kinder und, und, und: Alles will erst einmal kennengelernt werden. Noch überwiegt bei den Jüngsten die Neugier. Ältere Hunde gehen mit Neuem nicht mehr ganz so arglos um. Nutzen Sie die ersten gemeinsamen Wochen, um Ihren Neuzugang durch reichhaltige Kontakte alltagstauglich werden zu lassen.

Welpenschule

Melden Sie sich in einer guten Welpenschule oder in einem Hundeverein an. Dort kann Ihr Kleiner die ersten Erfahrungen mit anderen Welpen sammeln und erlangt, falls ihm das seine Wurfgeschwister nicht schon beigebracht haben, die nötige Beißhemmung, denn wenn man übers Ziel hinausschießt und einen Kollegen im Spiel zu sehr beißt, macht man die Erfahrung, dass das Spiel plötzlich ein Ende findet oder sich derjenige sogar revanchiert. So lernt der Welpe sich immer mehr zu beherrschen.

Artgenossen

Bringen Sie Ihren Welpen mit vielen Artgenossen zusammen. Nur Gleichaltrige in der Welpenschule reichen nicht aus. Er muss auch lernen, sich erwachsenen Hunden gegenüber respektvoll zu verhalten. Suchen Sie sich Hunde aus, deren Besitzer erfahren sind und den eigenen Hund gut erzogen haben.
Aber erschrecken Sie als Hundeanfänger nicht, wenn der »Große« auch mal knurrt oder den Welpen anderweitig begrenzt. Das ist genau das, was Ihr Hund braucht: respektloses Verhalten stößt auf Widerstand, gutes Verhalten bringt viel Spaß mit anderen Hunden.
Geben Sie dem Welpen die Chance, Hunde vieler Rassen und Mischungen kennenzulernen. Wenngleich alle eine gemeinsame »Sprache« besitzen, haben sich gerade aufgrund körperlicher Veränderungen durch Zucht reichlich »Dialekte« gebildet, die zuerst einmal etwas verwirren können.

Spielst Du mit mir?

Der Kleine beobachtet den Großen ganz genau und wird so Manches übernehmen.

Spiel

Mit dem Kleinen auf jede Art zu schmusen, toben und spielen macht nicht nur beiden Seiten unglaublichen Spaß, sondern schafft körperliche und emotionale Nähe, vermittelt soziales Verhalten, lässt den Winzling auch schon erkennen, dass es Grenzen gibt, die, wenn nicht eingehalten, das gemeinsame Spiel trüben können. Das Geben und Nehmen will nicht nur mit Artgenossen, sondern auch mit Menschen erlernt werden.

Überforderung

Doch bedenken Sie immer, dass Ihr Welpe oder Junghund sehr viel Ruhezeiten benötigt. Zu groß ist die Gefahr, sich unbeabsichtigt einen überdrehten und damit gestressten Vierbeiner heranzuziehen. Wenige Minuten anregende Unterhaltung fordern ein längeres Schläfchen.

Stubenreinheit

Die Stubenreinheit ist ein Problem, mit dem sich jeder Welpenhalter zu Beginn beschäftigen muss. Zuerst einmal liegt die Schwierigkeit einfach an den körperlichen Möglichkeiten unserer Kleinen. Wie bei Menschenbabys auch, sind ihnen bei der Kontrolle über Darm und Blase noch enge Grenzen gesetzt.

Alles ist neu und aufregend. Da braucht man immer mal wieder eine kleine Pause.

Der alte, schon zerfetzte Ball ist für den kleinen Entdecker eine spannende Sache.

Einzug mit acht Wochen

Auch die Jüngsten vermeiden es schon sehr früh, den eigenen Schlafplatz zu beschmutzen. Es ist ihnen jedoch noch nicht möglich Kot und Urin über eine längere Zeitspanne hinaus anzuhalten. Wenn es drückt, suchen sie sich schnell einen Ort um sich zu erleichtern.

Feste Größen

Dabei sollte man beachten, dass der Reiz zur Entleerung von bestimmten Faktoren intensiviert wird. Nach einem Schläfchen, nach Futter- und Wasseraufnahme drängt es immer. Da bleibt kaum noch Zeit. Der Kleine wird unruhig, schnüffelt vielleicht herum oder beginnt sich einzudrehen. Jetzt wird es ernst.

Ablenkung

Ebenso wirkt sich wildes Spiel und Ablenkung jeder Art aus. Wer kann schon während eines Zerr- oder Suchspieles an solche profanen Dinge wie eine Pause zur Erleichterung denken? Da ist es dann schnell passiert. Alles, was spannend ist, also sehr Vieles im Leben eines Welpen, lenkt auch ab.

Aufbau

Das A und O zur schnellen Stubenreinheit ist Ihre Aufmerksamkeit. Wenn Sie durch genaue Beobachtung die ersten Anzeichen der Unruhe Ihres Kleinen regelmäßig bemerken und unverzüglich handeln, haben Sie das Ziel schon bald erreicht. Das kostet Sie zu Beginn schon etwas Zeit und Mühe, wird aber belohnt.

Gerade bei der Aufnahme eines Welpen sollte man sich nach Möglichkeit die ersten Wochen freinehmen, um sich dem Kleinen ganz widmen zu können.

Routine

Wer seinen Welpen beim ersten Augenaufschlag nach dem Schlafen kurzerhand ins Freie setzt, ist schon einen großen Schritt weiter, denn dann muss der Kleine ganz sicher und erkennt schon schnell, dass es draußen anscheinend erwünscht ist, denn natürlich wird er danach unglaublich gelobt.

In gleicher Weise sollten Sie nach Futter- oder Wasseraufnahme reagieren.
Wenn Sie den Hund bevor er sich im Haus erleichtern kann nach Draußen befördern, hat er zum einen überhaupt nicht die Chance, etwas falsch zu machen, zum anderen entwickelt sich ein Ritual, das dem Kleinen zeigt, wo es angebracht ist, sich zu lösen.

Beobachtung

Auch außerhalb dieser festen Größen von Schlaf, Wasser und Futter, ist es an Ihnen, Ihren Welpen im Blick zu haben und jede Unruhe, Schnüffeln und etwaiges Eindrehen zu bemerken und auch dann unverzüglich den Hund nach draußen zu bringen.

Die Nacht

Damit Ihnen das Beobachten Ihres Kleinen nicht den Schlaf raubt, möchte ich Ihnen einen Rat weitergeben, den ich vor sehr, sehr vielen Jahren mal erhielt:

Nehmen Sie sich einen Karton, der so hoch ist, dass Ihr Welpe nicht ohne Weiteres herausspringen kann. In diesen legen Sie die Decke oder stellen das Körbchen des Kleinen hinein und positionieren den Karton neben Ihrem Bett. Wird der Welpe im Schlaf unruhig, hören Sie das Kratzen am Karton und können dann schnell aktiv werden. Im Vergleich zu einer ebenso geeigneten Hundebox kann der einfache Karton jederzeit ausgetauscht werden, wenn doch einmal ein Malheur passiert ist oder Ihr Welpe aus der kuscheligen Schlafkoje in Windeseile herauswächst.

Welpe und Schlafzimmer

Natürlich setzt das voraus, dass Sie Ihren Welpen bei sich im Schlafzimmer die Nacht verbringen lassen möchten. Das würde ich persönlich auch immer empfehlen, denn er kommt aus einem Rudel und möchte nicht alleine sein, braucht Ihre Nähe. Sei es Ihr Geruch oder Ihr Atmen, es beruhigt ihn, lässt ihn spüren, ein Teil des neuen Familienrudels zu sein.

Wenn es doch passiert

Trotz aller Sorgfalt wird es Ihnen nicht ausnahmslos gelingen, kleinere Missgeschicke zu verhindern. Maßregeln ist absolut tabu. In der Natur würde es ausreichen, das eigene Lager sauber zu halten. Was wir verlangen, ist die Ausdehnung auf jegliche Gebäude und somit weitaus mehr als der Welpe zuverlässig leisten kann. Das muss ein Hund erst lernen. Greifen Sie sich den Winzling und bringen ihn trotz des Missgeschickes noch nach draußen. Verliert er dort auch nur einen Tropfen, loben Sie ausgiebig.

Zeitliche Spanne

Die körperlichen Möglichkeiten nehmen natürlich mit dem Alter zu und bescheren Ihnen längere Spannen ohne ständiges Pendeln zwischen Haus und Garten. Trotzdem sollten Sie den Hund einige Monate im Auge behalten, auf die Zeichen baldiger Entleerung achten und den Vierbeiner dann schleunigst nach draußen schicken.

Löseplatz und Signal zum Erleichtern

Ideal wäre es, Sie hätten in direkter Wohnungsnähe einen Platz, den Sie Ihrem Hund immer zum Lösen anbieten können. Vielleicht im Garten oder auf einem Grasstreifen vorm Haus. Dann bringen Sie den Welpen von Anbeginn an regelmäßig genau dorthin und prägen so bei dem Kleinen einen ganz bestimmten Ort, an dem er sein Geschäft verrichten kann und anschließend gelobt wird. »Verfeinern« Sie das Ganze, indem Sie während des Lösens ein Signalwort aussprechen. Der Hund verknüpft dies mit der Zeit, sodass Sie später einmal durch dieses Hörzeichen dem Hund vermitteln können, er solle sich nun erleichtern.

Die Welt ist ja so interessant.

Pflege

Das Kontaktliegen mit den Wurfgeschwistern für den Welpen noch in Erinnerung, lässt sich in den ersten Wochen der Grundstein für körperliche Nähe besonders leicht legen. Die Kleinen suchen von sich aus Kontakt und Berührung, folgen recht unvoreingenommen ihrer Neugier und sind noch nicht durch möglicherweise schlechte Erfahrungen gehemmt. Dies sollte unbedingt genutzt werden, um ihnen »auf den Pelz zu rücken«.

Alles ganz normal

Nutzen Sie die erste Zeit, Ihren Welpen an allen nur erdenklichen Stellen zu berühren. In seinem hoffentlich langen Leben wird es nicht nur eine Situation geben, in der Sie ihm aus gesundheitlichen Gründen nahetreten müssen. Nichts darf für ihn zu nah sein.

Ist Ihr Vierbeiner von Beginn an gewohnt, dass Sie ihn an den unterschiedlichsten Körperteilen festhalten, auf den Rücken drehen, in Ohren, Nase, Mund blicken und hineingreifen, die Pfoten festhalten und vieles mehr, können Sie Fremdkörper oder Zecken entfernen, Verletzungen begutachten, aber auch Verbände anlegen und Krallen schneiden. Das erspart Ihrem Hund möglicherweise manche Sedierung oder gar den Weg zum Tierarzt und bereitet ihn auf ärztliche Behandlungen vor.

Spielerisch den Ernstfall proben

All das kann zuerst einmal als lustiges Spiel aufgebaut werden. Dabei achten Sie darauf, dass der Hund Sie und Ihr Zugreifen als positiv empfindet, müssen aber trotzdem versuchen, dass er dabei auch mal eine Sekunde in der von Ihnen gewünschten Position verbleibt. Nun gilt es, immer mal wieder diese kurzen, eingeforderten Bewegungsunterbrechungen etwas auszudehnen, den Hund ruhig zu halten, dann aber auch wieder freudig freizugeben. Hier müssen Sie auf den individuellen Charakter Ihres Kleinen eingehen. Je aufgedrehter der Welpe, desto mehr Wiederholungen mit ganz geringer Steigerung sind vonnöten. Harrt der Winzling auch mal kurz von sich aus zwar durchaus erwartungsvoll aber widerstandslos aus, sollte gelobt werden.

Achtung: Bestätigen Sie sein Verhalten nicht zu überschwänglich. Das würde die so errungene kurze Ruhe für künftige Übungen erschweren, denn die Aussicht beispielsweise auf ein ausgelassenes Spiel würde das vorher benötigte Innehalten belasten.

Noch ist es Spiel, aber Stillhalten sollte für Pflege und medizinische Versorgung von Anfang an trainiert werden.

Lernen
– leicht gemacht

Der richtige Moment lässt viele Dinge im Leben
ganz einfach erscheinen.

Sascha Lobo

Auf den Punkt

Das natürliche Miteinander von Mensch und Tier schwindet zunehmend. Nur wirklich gut erzogene Hunde stoßen in unserer Gesellschaft noch auf Akzeptanz. Das bedeutet aber, dass unser Vierbeiner Einiges zu lernen hat.

Es sind oft die Kleinigkeiten, die für den Hund den Unterschied zwischen richtigem Verstehen und Irrtum ausmachen.

Zeitgleich zum Absetzen wird gelobt ... . *und sofort das Leckerchen gegeben.*

Auf's Timing kommt's an
Wissenschaftlich ist erwiesen, dass sich Lernen bei Mensch und Tier identisch vollzieht. Werden im Gehirn zwei Bereiche gleichzeitig angesprochen, stellt sich eine Verknüpfung her.

Dies geschieht unwillkürlich, kann von uns aber auch zum Einführen und Festigen von Signalen wunderbar genutzt werden. So erweist sich beispielsweise nur die Bestätigung im richtigen Moment als Lernerfolg.

Zahnarzt

Wir alle kennen das. Wir betreten die Zahnarztpraxis, riechen die Mischung aus Desinfektionsmitteln und Füllmaterialien und fühlen augenblicklich ein Grummeln in der Magengrube. Warum nur, wir sind ja noch nicht einmal im Behandlungszimmer?

Irgendwann einmal saßen wir auf dem gefürchteten Stuhl, hatten mit Ängsten und eventuell sogar Schmerzen zu kämpfen und waren genau diesen Gerüchen zeitgleich ausgesetzt. Das hat unser Gehirn leider fest verknüpft, bringt den Geruch mit den negativen Gefühlen immer wieder in Verbindung.

Positive Verknüpfung

Zum Glück funktioniert diese Verknüpfung aber auch positiv. Zeigt unser Vierbeiner das von uns gewünschte Verhalten, sollten wir es augenblicklich bestätigen. So wird der Hund sein Tun mit dem Lob in Verbindung bringen und es somit selbst ebenfalls positiv bewerten. Das heißt das gute Gefühl der positiven Bestätigung wird automatisch auch auf das Verhalten selbst übertragen.

Je nachdem wie einschneidend sich die Situation gerade für den Hund darstellt (beim Zahnarzt brauchte es vielleicht nur eine einzige beängstigende Erfahrung, die sich einprägte), ist die Verknüpfung sofort gefestigt oder nur lose hergestellt und braucht viele Wiederholungen.

Die Schwierigkeit liegt jedoch darin, nahezu zeitgleich die beiden Bereiche anzusprechen. Es stehen uns zur Bestätigung eines Verhaltens weniger als zwei Sekunden zur Verfügung, wollen wir diese automatische Verknüpfung nutzen. Gelingt uns das, wird der Hund das nun als angenehm abgespeicherte Verhalten auch gerne wiederholen, verschafft es ihm doch jedes Mal positive Gefühle.

Beispiel: Hinlegen
Ich möchte dem Vierbeiner beibringen, sich hinzulegen. Hierzu locke ich ihn zuerst nur körpersprachlich in die richtige Position, indem ich beispielsweise unter meinem aufgestellten Knie ein Leckerchen durchführe. Um es zu erreichen, wird der Hund sich automatisch ablegen müssen. Genau in dem Moment, in dem er mit dem ganzen Rumpf den Boden berührt, muss unverzüglich bestätigt werden, sei es durch Lob, Belohnung oder zu Beginn auch Beidem. Nur so überträgt sich das gute Gefühl, ausgelöst durch die Belohnung auch auf das Ablegen selbst. Wenn wir dann auch noch zeitgleich das Hörzeichen aussprechen, wird auch das mit der Zeit und viel Übung verknüpft. (Detailliert später mehr.)

Bis ein Signal, hier am Beispiel KOMM, vollständig verinnerlicht ist, muss immer und punktgenau bestätigt werden.

Kennt der Hund das Signal bereits, in diesem Fall das »Kehr um!«, reicht es, dieses nur von Zeit zu Zeit zu bestätigen. Damit wird die positive Erwartung aufrechterhalten.

Es geht noch mehr ...

Mit der punktgenauen und stetigen Bestätigung ist mit der Zeit eine Basis gelegt, sodass der Hund das Signal gut und zuverlässig versteht. Nun stellen wir an ihn, wie auch an uns selbst, erhöhte Anforderungen.

Anforderungen steigern

Mit zunehmendem Ausbildungsstand können wir den Schwierigkeitsgrad steigern. Ist ein Hör- bzw. Sichtzeichen schon eingeführt und vom Hund verinnerlicht, können wir damit ein Verhalten nun auch direkt einfordern. (Wir kommen darauf im Kapitel »menschliche Sprache« zurück.)
In einem weiteren Schritt könnte man dann beispielsweise die Belohnung von der Reaktionszeit abhängig machen. Wir bestätigen nur noch, wenn unser Vierbeiner das Verhalten schnell, beispielsweise innerhalb von drei Sekunden, zeigt. Aber es bleibt der Grundsatz: die angestrebte Reaktion wird augenblicklich bestätigt.

Variable Belohnung

Bei schon gut gefestigten Signalen geht man noch eine Stufe weiter. Von der stetigen, unmittelbaren Belohnung geht man über zu einer variablen. Es wird nur noch ab und zu und gänzlich unregelmäßig bestätigt. So machen wir uns das Phänomen »Glücksspiel macht süchtig« jetzt zunutze. Da der Hund nie genau einschätzen kann, ob er eine Belohnung erhält oder nicht, gibt er sich besonders Mühe. Es könnte ja mal wieder funktionieren. Doch auch bei der sporadischen Belohnung muss wieder das Timing stimmen. Wenn Belohnung, dann punktgenau!

Mit der positiv aufgebauten verbalem Vorabbestätigung kann auch aus der Entfernung punktgenau bestätigt werden.

Bestätigung aus der Entfernung

Nun haben wir jedoch ein Problem: Wie kann ich den Hund wirklich punktgenau belohnen, wenn ich auf Distanz mit ihm kommuniziere und er einem Signal direkt nachkommen soll? Bis ich bei ihm bin und ihn für die Umsetzung bestätigen kann, ist die knappe Zeitspanne für die Verknüpfung längst verstrichen.

Hier ist es nötig, eine Art Vorabbestätigung zwischenzuschalten. Es bedarf eines eigenständigen Signales, das alleine schon beim Hund ein positives Gefühl auslöst, das er als Bestätigung seines Verhaltens empfindet.

Weltweit wird hierzu inzwischen bei der Arbeit mit Tieren der sogenannte Klicker eingesetzt, ein kleines Handgerät, das auf Druck ein kurzes Geräusch verursacht. Man schafft eine Verbindung zwischen dem Geräusch und einer positiven Erfahrung.

Aktive Körpersprache unterstreicht dies zusätzlich.

Konditionierung des Klickers ...

Wir nehmen uns ein Gefäß mit (bitte sehr kleinen, weil vielen) Leckerchen und geben dem Tier zuerst einmal ein bis zwei Stück, damit es weiß, dass sich in dem Behältnis etwas Gutes befindet. Nun stellen wir den Behälter in unserer unmittelbaren Nähe ab und nehmen sofort ein neues Stück in die Hand. Diese wird fest zur Faust verschlossen. Wir sehen entspannt vom Hund weg, beispielsweise auf den Fernseher und beachten den Hund nicht. Auch wenn er nun versucht, an der Hand zu knabbern oder zu kratzen, bleibt sie verschlossen und wir ignorieren seine Bemühungen. Dann, ohne den Hund anzublicken, betätigen wir den Klicker und öffnen gleichzeitig die Hand. Der Hund nimmt sich das Stück und wir nehmen ein neues in die Hand. Sie bleibt vorerst wieder verschlossen. Dieses »Spiel« wird in dauernd wechselnden Zeitabständen wiederholt. Jedes Mal, wenn wir die Hand öffnen, drücken wir auf den Knackfrosch. Es kann ruhig auch einmal mehrere Minuten dauern, bis die Hand gleichzeitig zum Knacken erneut geöffnet wird. Wenn der Hund nun beginnt, auch manchmal wegzusehen, sich uns beim Ertönen des Klickers aber sofort zuwendet, um sich das Leckerchen abzuholen, hat er, wie gewünscht, das Geräusch des Klickers mit dem Leckerchen bzw. dem guten Gefühl, das es auslöst, in Verbindung gebracht.

Trotzdem sollte diese Übung in den folgenden Tagen ab und zu zur Festigung wiederholt werden.

Damit können wir aus der Entfernung punktgenau mit diesem Klick ein positives Gefühl bei ihm erzeugen. Allerdings sollte sich hie und da auch noch tatsächlich eine Belohnung in Form von Leckerchen oder einem Spiel an das Ertönen des Knackfrosches anschließen, um die positive Verknüpfung immer weiter zu festigen.

... oder eines Hörzeichens

Der Vorteil des Klickers besteht darin, immer dasselbe Geräusch abzugeben, für den Hund somit ein absolut klares Signal zu liefern. Von uns ausgesprochene Worte unterliegen naturgemäß auch unserer Stimmung, können unsere Emotionen kaum verbergen, was für unseren Hund durchaus einen Unterschied machen kann. Jedoch ziehe ich persönlich es vor, mit wenig Hilfsmitteln zu arbeiten, um meine Hände frei zu haben und nicht immer daran denken zu müssen, alles mitzuführen. Geht es Ihnen ähnlich, empfehle ich anstelle dieses Knackfrosches ein Wort zu konditionieren. Dieses Hörzeichen sollte kurz sein, um nicht zu viel Unterschiede in Aussprache und Betonung zuzulassen. Auch sollte es nicht im üblichen Sprachgebrauch vorkommen, um unbedachten Gebrauch auszuschließen. Zudem ist es hilfreich ein Wort zu nutzen, das in unserer Wahrnehmung wenig Emotionen weckt, also auch von uns recht neutral empfunden wird. Nehmen wir als Beispiel »BINGO«.

Für den Hund muss dieses Wort als Ankündigung auf die folgende Belohnung nun in gleicher Weise positiv verknüpft werden wie beim Klicker beschrieben.

»BINGO«

Natürlich können Sie auch, falls Sie dazu imstande sind, ein eindeutiges und immer gleich wiederholbares Geräusch als Signal konditionieren; ein lautes Schnalzen oder Ploppen mit der Zunge verursacht, oder ein anderes nicht zu leises Hörzeichen, das Sie mit Hand oder Fingern (Schnipsen) erzeugen können. Es sollte kurz und prägnant ausfallen, um tatsächlich die Zeitgleichheit mit dem Verhalten punktgenau treffen zu können.

Fremdsprache Mensch
– logisch vermitteln

Die Praxis sollte das Ergebnis des
Nachdenkens sein, nicht umgekehrt.

Hermann Hesse

Aller Anfang ist schwer

In den überwiegenden Fällen sind Vierbeiner nicht unfolgsam, sondern können meist nicht verstehen, was wir von ihnen wollen. Hunde legen den Schwerpunkt eindeutig auf die Körpersprache. Nonverbale Kommunikation setzt jedoch Sichtkontakt voraus, genügt nicht, wenn auf größere Distanz oder von hinten auf den Hund eingewirkt werden soll. Wir kommen deshalb nicht darum herum Hörzeichen einzuführen.

Vorab bedenken
In der Natur des Hundes ist unsere Sprache nicht vorgesehen. Wir können es nicht mit unserem Englischlernen vergleichen, nicht einmal mit einer wesentlich schwereren Sprache wie Arabisch; es ist für den Hund vollkommen fremd.

So können wir kaum erwarten, dass ein Hund ein verbales Signal in Windeseile erlernt. Nur wenn wir uns klar strukturiert an die Arbeit machen, dem Hund wichtige Hörzeichen nahezubringen, hat er überhaupt die Chance, diese wirklich mit der Zeit zu verstehen.

Vogelgesang

Sie sind im Wald und hören Vogelgezwitscher. Ihr Begleiter, ein Vogelkundler, erklärt Ihnen, dass Sie gerade den Gesang einer Singdrossel hören. Meinen Sie, diesen ab sofort in der Natur heraushören zu können? Glauben Sie mir, das wird kaum gelingen, denn wir sind hierfür nicht direkt geschaffen, werden uns schwertun, sowohl die Grundzüge des Gesangs, als auch die Feinheiten in Rhythmus und Betonung abzuspeichern. Erst mit viel Mühe und noch mehr Übung gelingt dies Vogelkundlern und Hobbyornithologen.

»Komm lass das!« Der Hund ist aufgrund der Abwehrbewegung überfordert, weiß nicht, was er tun soll. Für ihn wird deutlich, dass das KOMM im Satz offensichtlich nichts mehr mit der üblichen Einladung zum Näherkommen zu tun hat.

Hausgemachte Stolpersteine
Ist unsere Sprache an sich schon eine gigantische Herausforderung für unsere tierischen Gefährten, machen wir es ihnen oft auch noch unbewusst zusätzlich schwer, die Bedeutung der Worte zu erlernen.
Uns entwischen leider immer wieder Äußerungen wie »Komm, lass das!« oder »Komm, geh' weg!«. Hatte man ursprünglich dem Hund sorgfältig das Hörsignal KOMM beigebracht, muss er nun

am verärgerten Tonfall erkennen, dass dem Wort wohl doch nicht der einladende Charakter zugrunde liegt, den er eigentlich schon verinnerlicht hatte. Damit haben wir uns so ganz nebenbei das einmal verknüpfte Signal zunichte gemacht, wundern uns über unseren aufmüpfigen Hund, der beim nächsten Rückruf anscheinend nicht mehr hören will.

Ein anderer Fall: Vor Jahren war bei mir in der Küche ein Glas heruntergefallen. Überall lagen Scherben, als unser Hund gerade zu mir in die Küche kommen wollte. Entsetzt rief ich ZURÜCK, sollte doch verhindert werden, dass er sich verletzt. Genau in dem Moment, indem ich das Wort ausgesprochen hatte, wurde mir bewusst, dass ich ihn mit diesem Signal immer auffordere, aus der Entfernung wieder zu mir zu kommen. Wie sollte er nun mein Hörzeichen verstehen?

Als Mensch kann ich solche Widersprüche durch meine Lebenserfahrung, durch unterschiedliche Intonation oder durch Einbeziehung des Kontextes auflösen – dem Hund fehlt jedoch diese Fähigkeit.

Also musste ich ein neues Signal einführen. Während Zu-mir-Kommen durch ZURÜCK charakterisiert wird, nenne ich seither das Rückwärtsgehen BACK. Damit wird auch dem Hund bewusst, dass es sich um zwei gänzlich unterschiedliche Anforderungen handelt.
Beobachten Sie sich und andere. Leider viel zu häufig ist unser Umgang mit der Sprache für nicht Muttersprachler, seien es Tiere oder Ausländer, missverständlich.

Wege zum Fremdsprachenerwerb

Erlernen wir Menschen eine Fremdsprache, wird uns die Bedeutung eines Wortes per Definition

Werden die Hände vor dem Hund zu Boden und dann von ihm weggeführt, wird der Welpe animiert, sich abzulegen.

Unten angekommen kann man unmittelbar das Signal einführen und mit einem Leckerchen gleich positiv verknüpfen.

umschrieben. Damit wird uns die Aussagekraft des Wortes veranschaulicht. Hunden gegenüber fehlt uns die Möglichkeit der Definition völlig. Wir müssen einen anderen Ansatz wählen.
Eine weitere Möglichkeit des Aneignens einer Fremdsprache ist die Übersetzung. Beim Erlernen von Vokabeln, stellen wir dem neuen Wort dasjenige gegenüber, das die gleiche Bedeutung in der eigenen Sprache innehat.

Übersetzung in die Körpersprache
Genau hier setzen wir an. Wir müssen eine Situation herbeiführen, die den Hund dazu veranlasst, das von uns gewünschte Verhalten zu zeigen. Genau in dem Moment, wenn der Hund dieses körperlich zeigt, wird das von uns hierfür gewählte Signalwort ausgesprochen. Der Hund erlebt somit zeitgleich sowohl den Klang des Wortes in der Fremdsprache Mensch als auch sein eigenes Tun, was im Prinzip der Übersetzung in seine Muttersprache, also der Körpersprache entspricht. Absolut wichtig ist die Gleichzeitigkeit und die volle Konzentration darauf.

Hilfsmittel
Das einzige Mittel, das uns zu Beginn des Sprachaufbaus für den Hund zur Verfügung steht, ist wiederum seine Muttersprache, die Körpersprache, die zu deuten er schon von klein auf exzellent beherrscht. Schon eine einladende Handbewegung zum noch völlig unbedarften Welpen reicht aus, damit er uns folgt.
Indem wir ihn körpersprachlich dazu animieren, das angestrebte Verhalten zu zeigen, schaffen wir erst die Voraussetzung, anschließend die Gleichzeitigkeit von Wort und Tun herstellen zu können.

Signale aufbauen

Mit präziser Vorgehensweise ist dem Hund durchaus eine beachtliche Anzahl an Worten zu verdeutlichen, mit deren Hilfe eine sehr effektive sprachliche Verständigung möglich ist. Es kommt nur auf das Wie an.

Sandra bietet ihre Hand an und lockt damit Sam, ihr die Pfote zu geben.

Er geht darauf ein und schon kann sie das PFOTE-Signal einführen.

Fremdsprache Mensch

Erst denken ...

Zuerst sollte man sich Gedanken darüber machen, was mit einem bestimmten Signal später einmal vom Hund eingefordert werden soll. Im zweiten Schritt legt man dafür ein Wort fest, das genau dieses Verhalten künftig auslösen soll und im dritten überlegt man sich, wie man den Hund dazu animieren könnte, das Gewünschte zu zeigen.

... dann handeln

Erinnern wir uns der grundsätzlichen Lerntheorie: Werden zwei Bereiche zeitgleich im Gehirn angesprochen, entsteht eine Verknüpfung: Ich animiere also den Hund zum angestrebten Verhalten und genau in dem Moment, in dem mein Hund daraufhin das Verhalten zeigt, spreche ich das neue Hörzeichen aus. Die ganze Zeit, in der er das Verhalten weiterhin zeigt, nutze ich zur Wiederholung meines Hörzeichens, damit es sich mehr und mehr einprägt. Schließlich benötigen auch wir Menschen meist viele Wiederholungen, um eine Vokabel zu verinnerlichen. (Beispiel folgt in Kürze.)

Abwarten

Solange der Hund noch nicht auf mein Animieren zum erwünschten Verhalten korrekt reagiert, darf das Wort unter keinen Umständen zu hören sein, denn der Vierbeiner kann es geistig noch nicht mit dem angestrebten Verhalten in Verbindung bringen. Erst wenn er es genau nach Wunsch zeigt, darf das passende Signal hörbar sein.

Mühelos aber nicht planbar

Natürlich kann ich auch dann das Signalwort aussprechen, wenn der Hund durch Zufall das angestrebte Verhalten zeigt. Jede Möglichkeit der Wiederholung ist es wert genutzt zu werden. Jedoch wird es schwierig, sich auf solche Situationen zu beschränken, da man nie voraussagen kann, wann und wie häufig sie eintreten. Da tatsächlich enorm viele Wiederholungen von Nöten sind, bis der Hund ein Wort aus der Menschensprache ganz verinnerlicht hat, sind die Zufallstreffer einfach zu selten.

Spontan sind wir Menschen zudem schnell damit überfordert, das richtige Wort zum richtigen Zeitpunkt zu äußern. Geplant fällt dies wesentlich leichter.

Überschaubarer zeitlicher Rahmen

Einige Experten gehen von Minimum zweitausend korrekt angewandten Wiederholungen aus, bis ein Hörzeichen aus der menschlichen Sprache beim Hund überhaupt verinnerlicht sein kann. Das klingt unerreichbar, ist es aber nicht. Da man immer solange das Wort wiederholen kann, wie der Hund das Gewünschte zeigt, vorausgesetzt er ist auch darauf konzentriert, kommen gerne mal fünf Wiederholungen auf eine einzige Übung und dementsprechend schon eine ganze Menge über einen einzigen Tag zusammen.

Sprachverknüpfung

Die meisten von Ihnen werden nun entgegnen, dass so viele Wiederholungen völlig überflüssig sind und ihr Vierbeiner die bisher konditionierten Hörzeichen viel schneller verstand. Ein Trugschluss, der nicht selten dazu führt, dass ein Hund immer wieder gemaßregelt wird, weil er angeblich nicht hören will. Doch der Grund liegt oft nicht in der Aufmüpfigkeit des Vierbeiners. Viel häufiger weiß der Hund überhaupt nicht, was er tun soll.

Test: Hörzeichen verstanden?

Machen Sie doch einfach mal einen Test. Sie werden sich wundern.

Lassen Sie Ihren Hund in einem Zimmer bei einer Hilfsperson zurück. Nun fordern Sie vom Nebenzimmer aus, ohne Sichtkontakt und bitte ohne scharfen Unterton, den Hund mit bekanntem Signalwort auf, sich hinzulegen. Fragen Sie dann den Helfer, ob der Hund das Hörzeichen befolgt hat. In fast allen Fällen wird der Vierbeiner sich nicht gelegt haben, denn er kennt das

Es braucht sehr viele Wiederholungen, bis ein Hörzeichen wirklich sitzt. Von hinten zugerufen, ohne Blickkontakt zum Menschen, kann der Hund mit dem Rückruf vielleicht noch gar nichts anfangen.

Hörzeichen nur im ganzen Paket aus: Handzeichen plus Haltung des Hundeführers plus nachdrücklichem Ton plus Hörzeichen. Das Signalwort einzeln sagt ihm überhaupt nichts.

> **!**
>
> ***Neue Signale***
>
> *Sollten Sie feststellen, dass Ihre bisher verwendeten Hörzeichen nun doch nicht von Ihrem Hund verstanden werden, ist es sinnvoll jeweils einen völlig neuen Ausdruck für das gewünschte Verhalten aufzubauen. So wird vermieden, dass das Signal schon vorbelastet ist. Es ist immer leichter etwas von Grund auf Neues auf- als Fehler abzubauen.*

Optimieren

Gerade zu Beginn, wenn wir ein neues Signal einführen, sollten die Rahmenbedingungen ideal sein. Schließlich soll sich die Verknüpfung Signal/Verhalten möglichst schnell bilden.

Wortwahl

Prinzipiell ist es vollkommen gleichgültig, ob das gewählte Hörzeichen aus menschlicher Sicht sinnvoll erscheint oder nicht. Ich kann das Herankommen DALLIDALLI, SPRINT, RUMPELSTILZCHEN oder eben KOMM nennen. Wichtig in erster Linie ist nicht, wie ich es betitle, sondern dass ich es ausnahmslos in der richtigen Situation einsetze. Das einmal eingesetzte Hörzeichen muss konsequent beibehalten werden. Nur so kann der Vierbeiner mit der Zeit das Wort erlernen. Zudem muss ich es mir als Hundeführer auch merken können. Wenn meine Kreativität bei der Wahl der Hörzeichen meine Gedächtnisstärke übersteigt, verwirre ich nur meinen Vierbeiner.

Jedoch ist es sicher zweckmäßig, klare Signale zu wählen, die möglichst kurz und prägnant sind. Je länger ein Wort ist, desto mehr Spielraum bleibt uns in Aussprache und Betonung, was es unserem Vierbeiner viel schwerer macht, es präzise herauszuhören. Außerdem sollte die Wahl nicht auf ein zu häufig im allgemeinen Sprachgebrauch vorkommendes Wort fallen, um keinen unbedachten Gebrauch zu begünstigen. Es ist kein Zufall, dass professionelle Ausbilder von Assistenzhunden oft auf Hörzeichen in einer Fremdsprache zugreifen. Das verhindert, dass der Hund die Worte zu hören bekommt, ohne angesprochen zu sein.

Man beobachtet immer wieder Hundebesitzer, die ihren tierischen Gefährten völlig überfordern, indem sie die Signale wortreich einbinden. »Na, mein Süßer, KOMMst Du zu Mutti?« verlangt dem Hund definitiv zu viel ab. Außerdem heißt es vielleicht wenige Sekunden später: »Habe ich nicht gesagt, du sollst KOMMen?« Wie sollte der Hund das Signal so verpackt noch erkennen?

Ruhiges Umfeld

Natürlich soll das Signal später dazu dienen, den Hund in jeder nur erdenklichen Situation zum erlernten Verhalten zu veranlassen. Um aber zuerst einmal den Grundstein hierfür zu legen, beginnt man in ablenkungsarmer Zone mit dem Einüben. Der Hund soll geistig voll und ganz bei der Sache sein, um die Verknüpfung aufzubauen. Sie machen Ihre Steuererklärung auch nicht während eines spannenden Fußballspieles. Erst nach und nach steigert man die Anforderung.

In ruhiger Umgebung, ohne große Ablenkung ist der Hund konzentriert und ganz bei der Sache.

Signale präzisieren

Ist nun das Fundament für ein Signal gelegt, braucht es jedoch weitaus mehr, bis der Hund tatsächlich verstanden hat, was wir mit einem Hörzeichen tatsächlich meinen.

Was, Frauchen ruft? Schade, es macht solchen Spaß im Schnee zu buddeln.

Gelernt ist gelernt. Auch wenn es schwer fällt, hat der Hund verinnerlicht, dem Rückruf zu folgen.

Richtig verknüpft?

Mal wieder zur Erinnerung: Was der Hund zeitgleich erlebt, kann zu einer Verknüpfung führen. Wenn ich somit aufrecht vor meinem Vierbeiner stehe, mit nach unten gerichteter Handfläche, im Wohnzimmer, während der Fernseher läuft und ich das Signalwort PLATZ ausspreche, könnte der Hund auch meine Haltung, das Handzeichen, das Wohnzimmer und viele andere Faktoren mit dem Hinlegen beziehungsweise dem Signal in Verbindung bringen. Damit ein Hund genau das erkennen kann, was wir mit einem Übungsaufbau erreichen wollen, müssen wir das Wesentliche in allen möglichen Kombinationen herausarbeiten. Das nennt man Generalisieren.

Generalisieren

Wichtig ist nun, dem Hund die tatsächliche Bedeutung des Signales nahezubringen. Das heißt, wir führen eine Übung in verschiedenen Variationen durch, verändern jeweils einige Komponenten, wie unsere Körperhaltung, die Umgebung, die Beteiligten etc., damit der Hund den eigentlichen Kern in allen Wiederholungen erkennen und Wichtiges von Unwichtigem unterscheiden lernt. So wird die Aufbauübung eines Signales an unterschiedlichsten Orten, zu unterschiedlichsten Zeiten, bei unterschiedlichem Wetter, also kurz: in den verschiedensten Konstellationen durchgeführt, wobei die einzigen Konstanten das Signalwort und das gewünschte Verhalten darstellen, damit der Hund die eigentliche Bedeutung der Übungen mit der Zeit erkennen kann.

Erfolg testen

Reagiert der Hund zunehmend schneller, ist voll bei der Sache und ist bemüht, mit Ihnen Kontakt zu halten, können Sie einen ersten Versuch starten, ob der Vierbeiner das Signalwort mit dem Verhalten schon korrekt assoziiert.
Beginnen Sie wiederum in ablenkungsarmem Umfeld. Nun wecken Sie beim Hund, vielleicht durch einen kurzen Zischlaut oder Vergleichbarem, Interesse und sprechen das gut eingeübte Signalwort aus, ohne irgendwelche körperliche Hilfen zu geben.

Reagiert der Vierbeiner prompt? Dann scheint er es tatsächlich schon verinnerlicht zu haben. Reagiert er zögerlich oder überhaupt nicht, sollten Sie weiterhin bei den Übungen ausharren und fleißig trainieren. Dann ist er eben noch nicht soweit. Erfahrungsgemäß ist Ihr Hund kein Spätzünder, sondern es mangelt an Ihrem Durchstehvermögen. Erinnern Sie sich: Es braucht mindestens zweitausend Wiederholungen bis ein Hörzeichen verstanden werden kann. Erst wenn dies wirklich der Fall ist, darf das Verhalten damit eingefordert werden.

Beispiel des kompletten Aufbaus

Am Beispiel SITZ wird nun das Herausarbeiten eines Signales detailliert erläutert.

Signal einführen

- Ziel ist die Verknüpfung des Hörzeichens mit dem Sitzen des Hundes.
- Als Signalwort wählen wir SITZ.
- Ich nehme ein Leckerchen in die Hand. Während der Hund mit der Schnauze versucht, an dieses heranzukommen, führe ich die Hand mit dem Leckerchen über seinen Kopf zum Rücken. Um dem Leckerchen mit der Nase folgen zu können, bleibt dem Hund nichts anderes übrig, als sich automatisch auf seinen Hintern zu setzen.
- Nun kann ich das Signalwort aussprechen und fleißig wiederholen, solange der Hund konzentriert in dieser Position verbleibt.

Erfolg überdenken

Was könnte der Hund nun bei dieser Übung erkannt haben? Was verknüpft er aus der Vielzahl der möglichen Eindrücke, die diese Situation bot?

- Mein Mensch trägt die grüne Hose, sagt etwas, dann gibt's Leckerlis.
  oder
- Im Wohnzimmer gibt es, wenn ich sitze, Leckerlis.
  oder
- Die Sonne scheint. Ich sitze. Hurra, Leckerchen! Oder, oder, oder ...

Interessant, lief hier gerade ein Eichhörnchen hoch?

Trotzdem kommt Aaron, denn er hat gelernt, dass das KOMM immer und überall verbindlich ist.

Generalisieren

- **Ort**
  Beginnen wir damit, unseren Übungsaufbau an verschiedene Orte zu verlegen.
  Was erkennt der Hund mit der Zeit?
  Dieses Spiel »Hintern runter« funktioniert überall.
- **Wetter**
  Wir üben das Ganze bei Regen, Schnee, Wind, Sonne etc.
  Was erkennt der Hund?
  Das Wetter ist ohne Bedeutung
- **Ablenkung**
  Nun geht es zum Training auch mal in den Hundepark.
  Was erkennt der Hund?
  Signalwort, Hintern runter, Leckerchen: gilt auch in Gegenwart von Artgenossen.

  Und so weiter …

Der Hund wird in unterschiedlichsten Verbindungen zeitgleich zum Ertönen des Signals zum angestrebten Handeln veranlasst und erkennt mit der Zeit den gemeinsamen Nenner dieser Trainingseinheiten.
Da bei den Übungen regelmäßig zum richtigen Zeitpunkt das von uns gewählte Signalwort zu hören ist, kann es der Hund mit seinem Tun verknüpfen.

So bedeutet das erste SITZ vielleicht für den Hund: »Hintern runter im Wohnzimmer« oder »Frauchen zeigt mir ein Leckerchen« oder, oder, oder … Erst nach unzähligen Variationen, bei denen alle Details verändert werden bis auf die Tatsache, dass der Hintern am Boden ist, während der Vierbeiner das Signal zu hören bekommt, kann der Hund verstehen, was wir mit SITZ meinen und erst dann dürfen wir es von ihm sprachlich einfordern.

Das Wiederholen von Signalen

In der Lernphase wiederholt man das Signalwort genau so lange, wie der Hund das gewünschte Verhalten zeigt. Durch die vielen Wiederholungen prägt sich das Signal beim Hund besser und damit schneller ein.

Zwar ist dies später, wenn der Hund das Hörzeichen schon kennt, nicht mehr nötig, jedoch kann es nicht schaden, das Wiederholen von Zeit zu Zeit doch manchmal vorzunehmen, um eine dauerhafte Festigung zu unterstützen.

Lernen in Konzentration

Der Hund muss jedoch auch geistig bei der Sache sein, wenn das Hörzeichen ertönt. Sobald er durch einen Vogel, Hund, Fußgänger etc. abgelenkt ist, sollte man augenblicklich das Wiederholen einstellen. Wir wollen erreichen, dass der Hund, wenn er das Signalwort hört, voll und ganz auf das gewünschte Verhalten konzentriert ist. Ansonsten könnte der Vierbeiner unser Signalwort beispielsweise mit dem Objekt der Ablenkung in Verbindung bringen.

Signale auflösen

Jedes von uns gegebene Signal sollte auch wieder ganz bewusst von uns aufgelöst werden. Ziel ist es, dass sich unser Hund auf ein Hör- oder Sichtzeichen präzise konzentriert und es einhält. Lassen wir es zu, dass er es von sich aus auflöst, schwindet die angestrebte Zuverlässigkeit in der Anwendung. Was nutzt es, wenn sich Ihr Hund schnell auf ein von Ihnen gesprochenes PLATZ hinlegt, dann aber, bevor beispielsweise eine Gefahr aus der Welt ist, von alleine wieder aufspringt?

Verbindlichkeit

Für den Hund muss klar sein, dass die Anforderung jedes Signales dauerhaft besteht, bis es von uns außer Kraft gesetzt wird. Dies geschieht entweder durch ein konditioniertes Aufhebungssignal wie beispielsweise LAUF oder durch ein Hörzeichen, das eine neue Anforderung stellt, also eine Änderung darstellt, wie beispielsweise aus einem SITZ ein KOMM einfordert.

Die Konzentration auf eine dem Signal entsprechende Handlung kann der Hund je nach Alter und Trainingsstand nur eine gewisse Zeit aufrechterhalten. Lösen wir beizeiten, das heißt beim Anfänger nach kurzer, später auch einmal nach längerer Zeit, das Signal bewusst auf, ermöglichen wir es unserem Vierbeiner zusammen mit der Bedeutung des Signals auch die Konzentration darauf abzuspeichern. Ideal ist es, wenn Sie zur Auflösung dem Hund etwas anbieten, was der bis dahin geforderten Konzentration nun etwas freudig Befreiendes entgegensetzt.

Beispiel SITZ

Der Hund befindet sich im SITZ. Sie wiederholen zur Festigung das SITZ-Signal mehrfach, während der Hund ruhig in dieser Position verharrt. Nun warten Sie aber nicht ab, bis der Hund unaufmerksam oder unruhig wird, sondern lösen beispielsweise mit LAUF das bestehende Hörzeichen auf und werfen zur Unterstützung der Freigabe flach am Boden entlang vom Hund weg ein Leckerchen, dem er dann hinterherrennen und es sich nehmen darf.

Der verbalen Bestätigung, hier fürs BLEIB ...

... folgt das Auflösungssignal und das geworfene Leckerchen, dem der Hund nun nachrennen darf.

Die Kritiker unter Ihnen mögen einwenden, dass der Leckerchen-Wurf die Gefahr birgt, der Hund würde lernen, vom Boden Fressbares aufzunehmen. Aus zigfacher Erfahrung kann ich Ihnen versichern, dass dem nicht so ist. Die Hunde erleben dies immer nur in Kombination mit dem befreienden Hörsignal ihres Menschen und schauen ihm beim Werfen und dem Leckerchen auf ganz kurzer Strecke beim Wegrollen zu. Sie kennen nur dieses eng geschnürte Paket als Ganzes und bringen es in keiner Weise damit in Verbindung, selbständig nach Nahrung suchen zu dürfen.

Mit Augenmaß
Übertreiben Sie es nicht mit der Dauer, für die Sie ein Signal einfordern. Ihr Vierbeiner macht bessere Fortschritte, wenn er ohne zu große Mühe bis zum Ende durchhalten kann und durch die anschließende Belohnung aus Leckerchen und Freilauf die Lorbeeren dafür ernten darf. Sollten Sie den Eindruck gewinnen, dass Ihr Hund die Anforderung bereits spielend erfüllt, ist es trotzdem wichtig, eine zeitliche Ausdehnung nur von Zeit zu Zeit zu testen und auch wieder kürzere Sequenzen einzuschieben. Reizen Sie die Belastbarkeit nicht durch kontinuierliches Verlängern aus.

Floyd wirkt schon etwas gestresst. Besser man löst das geforderte Platz zügig auf, bevor er es von selbst tut.

Sporadisch steigern

Das vorzeitige Auflösen eines Signals durch den Hund würde, gerade in der Aufbauphase, einen echten Rückschritt bedeuten, denn der Hund kann die Verknüpfung Signal und verbindliche Konzentration nicht kontinuierlich festigen. Erinnern wir uns: Um eine Verknüpfung herzustellen, braucht es unzählige Wiederholungen.

Ein einziger Fehlschlag wirft uns wieder zurück. Mit der Vorgehensweise der langsamen, aber völlig unregelmäßigen und sporadischen Steigerung, fessle ich das Interesse des Hundes. Er lernt sich immer bis zum Ende zu konzentrieren, verknüpft zuverlässig Anforderung und Verbindlichkeit und wächst an den vielen Erfolgen.

Ziel einfordern

Hat sich der Aufbau der Hörzeichen als erfolgreich erwiesen, haben wir nun mit jedem Signal ein verbales Hilfsmittel zur Hand, mit dem sich der Hund zu einem bestimmten Verhalten auffordern lässt. Wenn es jetzt nicht klappt, liegt es nicht mehr am Mangel an Verständnis, sondern am Ungehorsam des Vierbeiners. So wird der Vierbeiner das inzwischen etablierte Verhalten mit Hilfe des Signales in der Regel bereitwillig zeigen, in bestimmten Situationen mit äußerst attraktiver Ablenkung möglicherweise jedoch abwägen, ob er es befolgen will.

Autofahren

Können sie sich noch daran erinnern, wie stark Sie als Fahrschüler ganz zu Beginn gefordert waren, all die Dinge zu berücksichtigen, die die Teilnahme am Straßenverkehr erst erlauben? Mit welchem Fuß drückt man das Gaspedal? Betätigt man das Abblendlicht rechts oder links am Lenkrad? Stehen Schilder am Straßenrand? Was haben sie jeweils zu bedeuten? Ist hier mit Fußgängern zu rechnen? Und, und, und.
Viele Fragen, die durchaus ihre Berechtigung haben. Glücklicherweise müssen wir sie uns heute nicht mehr bewusst im Detail stellen.

Automatismen

Nur aufgrund der Tatsache, dass alle Lebewesen Erlerntes abspeichern und durch Übung ein gewisser Automatismus entsteht, der im Hintergrund mühelos viele Aufgaben übernimmt, werden sie in die Lage versetzt, sich immer wieder neuen Dingen zuzuwenden und dazuzulernen. Das sind natürliche Lernprozesse, die Mensch und Tier gleichermaßen durchlaufen und als Überlebensstrategie unverzichtbar sind. Ansonsten würde der Alltag schon völlig überfordern.

Fest verankert

Wurden die Grundkommandos in der bisher beschriebenen Art und Weise (siehe Kapitel »Lernen leicht gemacht; positive Verknüpfung) konditioniert, hat sich beim Aufbau eines Signales das positive

Fremdsprache Mensch

Auch wenn der Hund bald automatisch richtig reagiert, sollte man immer wieder kräftig loben, um ihm zu zeigen, wie zufrieden man mit ihm ist. Glen genießt dies ganz offensichtlich.

Gefühl der Bestätigung direkt auf das Signal und das Verhalten übertragen und wird somit gerne gezeigt. Aufgrund des fleißigen Übens entwickelte sich zudem eine Art Routine. Durch die vielen Wiederholungen ging die Verknüpfung Signal/Verhalten ins Unterbewusstsein des Hundes über. Wenn wir nicht vorschnell den Aufbau des Hörzeichens als beendet ansahen, sondern wirklich daran gearbeitet haben bis es der Hund voll verstanden hat, wird er ab sofort nahezu automatisch darauf richtig reagieren. Es ging ihm sozusagen in Fleisch und Blut über.

Motivation

Falls nun die Ablenkung doch allzu groß ist und dieser antrainierte Automatismus nicht mehr reibungslos greift, muss es für den Vierbeiner weitere Gründe geben, unseren Forderungen Folge zu leisten.
Was kann den Hund motivieren, unseren Wünschen auch unter besonderen Reizen nachzukommen?

Lob, Leckerchen oder Spiel

Natürlich fällt einem sofort das Leckerchen oder ein Spiel als zu erwartende Belohnung ein. Dagegen ist auch prinzipiell nichts einzuwenden. Gerade zum Aufbau der Hörzeichen werden diese Mittel erfolgreich eingesetzt.
Doch Sie werden nicht das ganze Leben mit prall gefüllten Hosentaschen um die Gunst Ihres Vierbeiners buhlen wollen.

Meinem Menschen zuliebe

Auf Dauer sollte die Motivation durch die enge Bindung zwischen Mensch und Hund geprägt sein.
Der Hund ist ein Rudeltier, der seinem Rudelführer gefallen möchte. Haben wir uns inzwischen zum kompetenten Hundeführer entwickelt, nehmen wir im Leben unseres Hundes eine herausragende Position ein. Wie effektiv ein Signal beim Hund Wirkung zeigt, hängt in aller erster Linie damit zusammen, welchen Stellenwert derjenige beim Hund einnimmt, der mit diesem Signal ein Verhalten einfordert.

Auch darf nicht unterschätzt werden, wie genau der Hund an unserer Körpersprache erkennt, ob wir selbst bei der Sache und an ihm und seinem Tun wirklich interessiert sind. Bringe ich Spannung in meinen Körper und konzentriere mich auf meinen Hund, wird er dies definitiv honorieren.

Mit Nachdruck

Es ist wichtig, dass der Hund bei Nichtbeachtung eines Signales unmittelbar unsere Unzufriedenheit erkennt und daraufhin einlenkt. Tut er das nicht, müssen wir konsequent unserer Forderung Nachdruck verleihen. Es muss immer, wirklich immer nachgebessert werden.

Im folgenden Praxiskapitel gehen wir unter anderem auch detailliert darauf ein, wie man vorgehen sollte, wenn der Hund die Ausführung des Signales verweigert.

Aufbau und Anwendung von Signalen
– Basics für einen entspannten Alltag

Glaub an dich und
du bist schon fast am Ziel.

Theodore Roosevelt

Grundlegendes

Mit dem erfolgreichen Vermitteln von Hörzeichen setzen wir den Vierbeiner in die Lage, uns selbst dann zu verstehen, wenn kein Sichtkontakt zu uns gegeben ist.

Auf stabilem Fundament

Bevor Sie möglicherweise beschlossen haben, die vorherigen Kapitel zu überspringen, um direkt hier mit den Praxisübungen zu beginnen, bitte ich Sie inständig, davon Abstand zu nehmen. Sie sollten unbedingt das bisher gelieferte Hintergrundwissen nutzen. Es befähigt Sie, das Training kompetent in Angriff zu nehmen, verbessert Ihr Auftreten, Ihre Klarheit und damit Ihre Vertrauensstellung Ihrem Hund gegenüber. Dies bildet das unverzichtbare Fundament, um auf den Aufbau der Signale auch eine zuverlässige Ausführung durch den Hund folgen zu lassen.

So wenig wie jeder, der Ihnen regelmäßig zum Geburtstag gratuliert, automatisch zu Ihren engsten Freunden zählt, so wenig verschaffen Ihnen SITZ, PLATZ und Co allein schon einen kooperativen Gefährten.

Vorab bedenken

Es gibt durchaus verschiedene Möglichkeiten, das jeweilig angestrebte Verhalten beim Hund auszulösen. Die folgenden Vorgehensweisen, dem Hund das Gewünschte zu entlocken, sind absolut nicht der einzige Weg zum Ziel, aber als erprobte Vorschläge hier detailliert beschrieben.

Damit es Ihnen leichter fällt, das jeweilige Ziel schon klar zu erkennen, sind hier die Signale sprachlich ihrer Bedeutung entsprechend gewählt. Was Sie dann letztendlich für Ihren Hund festlegen möchten, bleibt völlig Ihnen überlassen.

Körperliche Hilfen

Immer häufiger treffe ich auf Hundebesitzer oder gar Ausbilder, die jede Art der Begrenzung des Hundes durch den Menschen als Strafeinwirkung kritisieren. Das entbehrt meines Erachtens jedes Sinnes für Realität.

Es ist unvermeidbar, ab und an begrenzende körperliche Hilfen zu geben, um dem Hund überhaupt verdeutlichen zu können, was wir von ihm wollen. Das macht jede Hundemutter ganz genauso. Maßvolle körperliche Korrektur durch Antippen mit dem Finger, richtungsweisendes, leichtes Schieben mit der Hand oder einen ganz leichten Leinenimpuls, nur mit Daumen und Zeigefinger ausgeführt, sind für den Hund gut zu verstehende Erklärungen auf körperlicher Basis, also in seiner Muttersprache.

Voraussetzung für die große Freiheit

Nur wenn unser Vierbeiner die Signale korrekt erlernt und sie umzusetzen weiß, ist es möglich, ihm maximalen Freiraum zuzugestehen. Meines Erachtens ist eine manchmal erklärende, punktuelle Korrektur ein lächerlich geringer Preis für die große Freiheit eines ganzen Hundelebens.
Die folgenden Hörzeichen sind geeignet, Konflikte und Gefahren zu minimieren.

Können

Natürlich bleibt es Ihnen überlassen, was Sie Ihrem Hund alles beibringen möchten. Zur Verdeutlichung der generellen Vorgehensweise beim Prägen von Hörzeichen widmen wir uns einigen grundlegenden Signalen, die sich als sehr hilfreich erwiesen haben und meines Erachtens den Alltag ungemein erleichtern.

In der Hand liegt offen etwas Leckeres. Natürlich weckt das Amys Interesse.

Nähert sich der Hund, wird zeitgleich zu einem klaren Hörzeichen, wie beispielsweise NEIN, die Hand geschlossen.

Amy hat's kapiert. Bei NEIN hat es keinen Zweck weiterzumachen. Sie wartet ab und schaut zu ihrem Frauchen, ob es die Freigabe erteilt.

Abbruchsignal

Trotz aller positiver Grundeinstellung kommen wir nicht umhin, auch ein Abbruchsignal einzuführen. Ein Verhalten oder offensichtliches Vorhaben, was auch immer es sein sollte, unmittelbar unterbinden zu können, kann unter Umständen Leben retten; das des Hundes oder auch das Anderer. Sie können damit vielleicht einmal verhindern, dass der Hund einen Giftköder aufnimmt, aber auch dass er jemanden bedrängt, der daraufhin unglücklich stürzen könnte.

Aufgrund der Wichtigkeit habe ich es den anderen Signalen vorangestellt.

Hörzeichen

Wir nehmen der Einfachheit halber hier das Wort NEIN.

LASS DAS oder TABU wären vielleicht aufgrund der Häufigkeit des Wortes Nein im Sprachgebrauch bessere Optionen.

Achten Sie auf etwaige Ähnlichkeiten: Wenn Sie bereits das Wort FEIN für Ihren Hund benutzen, wäre die Ähnlichkeit zum NEIN ein Problem. Fatal, würde der Vierbeiner das Abbruchsignal mit einer positiven Bestätigung verwechseln.

Sie sehen, sich im Vorfeld Gedanken zu machen, ist äußerst sinnvoll.

Umsetzung

Halten Sie dem Hund die geöffnete Hand mit einem Leckerchen hin. Er darf es aufnehmen, weiß also, dass es hier etwas Gutes gibt. Erneut wird dem Hund ein Leckerchen in der geöffneten Hand präsentiert. In dem Moment, in dem der Hund der offenen Hand erwartungsvoll nahekommt, sagen Sie NEIN und schließen unverzüglich die Hand, sodass der Vierbeiner das Leckerchen nicht erreichen kann.

Üben Sie das fleißig, wobei Sie nach einiger Zeit testen können, ob der Hund, wenn er das Signal hört, schon innehält, obwohl die Hand noch nicht geschlossen ist. Achtung: Bleiben Sie konzentriert. Er darf auf keinen Fall das Leckerchen erreichen. Meist verstehen die Vierbeiner jedoch recht schnell, dass das NEIN den Erfolg ausschließt.

Generalisieren

Dieses Unterbrechungssignal sollte nun in den unterschiedlichsten Situationen angewandt werden. Passen Sie beim Verallgemeinern auf, dass Sie jederzeit die Kontrolle behalten. Wenden Sie das Signal nur an, wenn Sie sich dazu imstande sehen, den Hund nötigenfalls körperlich daran zu hindern, sein ursprüngliches Vorhaben doch in die Tat umzusetzen.

Haben Sie beispielsweise ein Spielzeug versteckt und er möchte vorzeitig starten, um es zu holen, ist es angebracht, sich mit einem klaren NEIN schnell blockierend vor ihn zu stellen. Erst, wenn er eindeutig zeigt, dass ihm klar ist, dass er auf die Freigabe warten muss, treten Sie vorsichtig vor ihm weg, während Sie aber immer noch das Wort NEIN wiederholen. Dabei sollten Sie genau beobachten, ob Ihr Hund ruhig bleibt oder doch zuckt, da er glaubt eine Chance zu sehen, vorab starten zu können. Bleibt Ihr Vierbeiner jedoch konzentriert sitzen und hält zu Ihnen Blickkontakt, sollten Sie zügig die Freigabe erteilen und bestätigen.

Blickkontakt auf Anforderung

Wenn wir von unserem Hund Blickkontakt einfordern können, haben wir sofort seine Aufmerksamkeit errungen. Das hilft in den unterschiedlichsten Situationen.

Hörzeichen

SCHAU bietet sich an, da es uns Menschen den Hintergrund verdeutlicht und somit leicht zu merken ist, aber nur recht selten umgangssprachlich benutzt wird.

Umsetzung

Locken Sie mit einem Leckerchen in der Hand das Interesse des Hundes. Dann führen sie die Hand mit dem Leckerchen in Richtung Ihrer Augen,

Die Finger Richtung Auge, die Mimik freundlich einladend, animiert man den Hund seinen Blick auf das Gesicht des Menschen zu richten.

wobei Sie den Zeigefinger dieser Hand direkt aufs Auge richten. Während Ihr Vierbeiner Ihnen nun ins Gesicht sieht, sprechen Sie das Signalwort aus. Ganz langsam in Zeitlupe lassen Sie die Hand einige Zentimeter nach unten gleiten, während Sie sehr aufmunternd, mit lebhaftem Gesichtsausdruck, das Signal wiederholen und damit die Aufmerksamkeit Ihres Hundes zu fesseln versuchen. Zu Beginn reicht es, wenn der Blickkontakt nur eine einzige Sekunde besteht. Dann lösen Sie zügig auf, solange der Vierbeiner noch auf Ihr Gesicht konzentriert ist und lassen das Leckerchen wieder zum Hinterherspringen über den Boden davonkullern.

Generalisieren

Schrittweise wird die Hand immer weniger nah ans Auge gebracht, der Hund jedoch durch ausgeprägte Mimik gelockt. Schnell reicht es aus, dass der Zeigefinger auf Ihrer Brusthöhe in Richtung der Augen zeigt, bis Sie bald gänzlich auf die Unterstützung durch den Finger bzw. die Hand verzichten können. Anschließend variieren Sie mit der Dauer, für die Sie den Blickkontakt einfordern. Natürlich gelten auch hier die allgemeinen Regeln: unterschiedliche Umgebung, unterschiedliche, ablenkende Reize.

Extra

Da der Blickkontakt immer die Konzentration auf uns erhöht und im Alltag gute Dienste leistet, empfehle ich, bei jeder Art von Zuwendung prinzipiell abzuwarten, bis der Hund von sich aus Blickkontakt herstellt.

Wenn Sie ihm ein Leckerchen hinhalten, es aber erst geben, wenn er Sie ansieht, wird er ganz schnell die Verbindung Blickkontakt bringt etwas Gutes verknüpfen. Zu Beginn wird er vielleicht, verdutzt darüber, dass er die Belohnung nicht direkt bekommt, verschiedene Versuche starten, Sie anstupsen, pföteln, sitzen, hinlegen usw. Recht schnell versuchen es die Vierbeiner dann aber mit Blickkontakt und gelangen damit ans Ziel. Da der Hund nun alleine den Schlüssel zum Erfolg gefunden hat, prägt sich dieses Verhalten besonders schnell ein.

Hinsetzen

Dass sich der Hund später auf unser Signal hin setzt, verschafft uns zum einen seine Aufmerksamkeit, zum anderen durch die statische Position Zeit, um eine Situation zu klären oder uns anderen Dingen zuzuwenden.

Hörzeichen

Der Einfachheit halber nennen wir es SITZ.

Umsetzung

Das Locken mit einem über den Rücken des Hundes geführten Leckerchens wurde bereits im vorherigen Kapitel unter »Beispiel des kompletten Aufbaus« in allen Einzelheiten erläutert.

Generalisieren

Spielen Sie mit allen Faktoren, ausgenommen dem zu hörenden Signal SITZ, zeitgleich zum Hundehintern am Boden.

Das Leckerchen wird über den Hund von vorn nach hinten geführt.

Um dem Leckerbissen nachsehen zu können, begibt sich der Hund automatisch in die angestrebte Sitzposition.

Auch so kann man zum PLATZ animieren: Das Leckerchen unter dem aufgestellten Bein zurückziehen ...

... bringt den Hund ins gewünschte PLATZ.

Hinlegen
Das Hinlegen verschafft uns noch etwas intensiver als das SITZ eine Pause, in der der Hund an einem Platz zuverlässig ausharrt und so leicht unter Kontrolle gehalten werden kann. Zudem bietet das Liegen dem Hund über die Dauer der Anforderung die entspannteste aller Positionen. Beispielsweise bei einem Restaurantbesuch ermöglicht dies dem Hund eine bequeme Lage und verschafft uns Ruhe.

Hörzeichen
Wir nennen es PLATZ.

Umsetzung
Um den Vierbeiner in die liegende Position zu bekommen, gibt es sicherlich viele Möglichkeiten. Ein Leckerchen in der Hand, von der Nase des Hundes nach unten zum Boden und dann vom Hund weggezogen, bringt meist den Erfolg. Um dem Leckerchen nachzueilen, legt sich der Vierbeiner hin. In dieser gewünschten Position wird nun das Signalwort mehrfach wiederholt, um es zu festigen. Bitte denken Sie wieder ans schnelle Auflösen, bevor der Hund die Konzentration verliert und das Signal eigenmächtig außer Kraft setzt.

Generalisieren
Nun folgt das Generalisieren, wobei nicht nur mit verschiedenen Faktoren des Umfeldes, sondern auch mit der Dauer, für die der Hund stillliegen soll, variiert werden sollte.

Klein gemacht, die Arme ausgebreitet, fühlt sich der Hund eingeladen und hat Spaß am Kommen.

Zum Hundeführer kommen

Es ist sicher wichtig, ein Signal zur Verfügung zu haben, das den Hund jederzeit dazu veranlasst, zurückzukommen, ganz gleich wo er sich aufhält und mit was er gerade beschäftigt ist.

Hörzeichen
Nennen wir es hier einfach KOMM.

Umsetzung
Man kann das Interesse des Hundes, seine Neugierde, die ihn zu uns treiben soll, wecken, indem man beispielsweise, während sich der Hund einige Meter entfernt aufhält, herumhüpft und helle, kurze Laute von sich gibt.
Genau in dem Moment, wenn der Vierbeiner sich in Bewegung setzt, um zu kommen – Achtung: nicht vorher –, beginnt man das Wort KOMM auszusprechen und solange fleißig zu wiederholen, bis er bei uns angekommen ist. Dann wird kräftig gelobt und belohnt, sei es durch eine Leckerei oder ein kurzes Spiel. Somit hört der Hund das Signal ausschließlich während er tatsächlich am Kommen ist, was zwischen dem Klang des Wortes und dem Kommen mehr und mehr eine feste Verbindung herstellen wird.

Generalisieren
Nun wird überall und unter den verschiedensten Bedingungen trainiert.

Zurückkommen und vorsitzen

Dieses Signal brauchen Sie, wenn Sie mit Ihrem Vierbeiner an einer Begleithundeprüfung teilnehmen möchten. Aber auch im privaten Bereich ist diese Kombination aus Zurückkommen und einem direkten Vorsitzen recht hilfreich, verschafft sie doch außer der Nähe auch eine sichere Endposition des Hundes. Speziell die Präzision des geraden Vorsitzes nach dem schnellen und direkten Zurückkommen verstärkt auch die Konzentration des Hundes auf seinen Menschen und damit die Bereitschaft von ihm neue Wünsche entgegenzunehmen.

Hörzeichen
Wir nehmen das in Prüfungen gewünschte HIER. Da sich diese Anforderung aus zwei Teilen zu-

Aufbau und Anwendung von Signalen

Freudig animiert kommt Sam auf sein Frauchen zu.

Mit dieser etwas starren Haltung – aufrecht, Ellbogen am Körper, Hände hoch zum Kinn – animiert man den Hund zum Vorsitz.

sammensetzt und dem Hund damit nun etwas mehr abverlangt wird, ist es ratsam, die allerersten Durchgänge noch gänzlich ohne Hörzeichen durchzuführen, bis der Hund erkannt hat, dass er sich beim Ankommen vor Sie setzen soll. Scheint das dann der Fall zu sein, beginnt man damit, das Hörzeichen einzuführen.

Umsetzung

Animieren Sie wieder körpersprachlich Ihren Hund zum Herankommen. Während er freudig auf Sie zustürmt, bleiben Sie im Gesicht erwartungsvoll freundlich, nehmen aber kurz bevor der Hund bei Ihnen ankommt eine starre, aufrechte Haltung ein. Sie stehen kerzengerade und nehmen Ihre Hände mit eng am Körper angewinkelten Armen direkt unter das Kinn. In dieser Haltung lässt sich jeder Hund zum Vorsitz bewegen. Wirkt es so, als würde Ihr Vierbeiner möglicherweise gleich seitlich an Ihnen vorbeischießen, gehen Sie einige Schritte rückwärts, um ihm noch weiter die Möglichkeit zu bieten, sich vor Sie zu setzen. Durch Ihr Rückwärtsgehen ist der Hund etwas irritiert und verlangsamt automatisch sein Tempo. Kommt dann noch die gerade beschriebene, verkrampfte Haltung der Animation zum Vorsitz hinzu, wird der Hund aufmerksam und reagiert unseren Wünschen entsprechend. Hüpft er nur wild um Sie herum, müssen Sie Geduld aufbringen, immer wieder zwei bis drei Schritte rückwärtsgehen und dabei den Vorsitz körpersprachlich weiter provozieren. Trainieren Sie das fleißig bis es regelmäßig funktioniert, um dann damit zu beginnen, das Hörzeichen zeitgleich zum Vorsitz erstmals anzuwenden.

Generalisieren

Nun wiederholen Sie fleißig. Wenn der Hund gezielt auf Sie zustürmt und sich jedes Mal gleich setzt, können Sie das Aussprechen des Signales schrittweise vorziehen. Mit der Zeit wird das Wort schon gleich, wenn sich der Hund auf den Weg zu Ihnen macht, genutzt und bis zum Vorsitz wiederholt. Trotzdem behalten Sie noch einige Zeit die spezielle Haltung zum Auslösen des Vorsitzes am Ende bei, um sicherzustellen, dass der Vierbeiner sich auch wirklich setzt. Klappt dies zuverlässig, können Sie auf diese körperliche Hilfe verzichten. Dann haben Sie Ihr Ziel erreicht und das nun eingeführte Signal hat die Aufgabe übernommen, dem Hund zu verdeutlichen, was Sie von ihm erwarten.

Vergessen Sie nicht das Belohnen und Auflösen.

Am Ort bleiben

Dem Hund wird mit diesem Signal ganz gezielt verdeutlicht, an Ort und Stelle auszuharren. Im folgenden Praxisbeispiel gehen wir nun vom bereits sitzenden Hund aus. Diese Übung kann und muss später natürlich auch im Liegen oder im Stehen trainiert werden. Der Hund soll mit dem Signal die aktuelle Stelle beibehalten, darf es sich dort aber gern bequem machen und ablegen.

Hörzeichen
BLEIB

Umsetzung

Stellen Sie sich ca. einen Meter gerade vor Ihren sitzenden Vierbeiner und halten Sie die weit geöffnete Hand aufgerichtet vor Ihren Hund. Diese Haltung nimmt der Hund als Blockade wahr. Zu Beginn lösen Sie relativ schnell das BLEIB auf, bevor es der Hund von alleine tut.

Generalisieren

Achtung: Die Dauer der Anforderung bis zur Auflösung soll jeweils variabel aber mit Augenmaß eingefordert werden. Fordern, aber eben nie überfordern. Geben Sie dem Hund immer die Chance, die Übung erfolgreich abzuschließen. Ist er heute sehr hibbelig, muss man sehr schnell die Freigabe erteilen.

Beispiele für Varianten:
- Es wird mit der Dauer der Anforderung variiert.
- Während der Hund auf die Auflösung wartet, entfernt man sich mal mehr, mal weniger weit und kehrt zu ihm zurück, um dann aufzulösen.
- Der Hundeführer spielt mit der Distanz, löst aber auch aus unterschiedlicher Entfernung wieder auf. Dies kann auch durch ein anderes Signal erfolgen. Mit einem HIER wird das BLEIB abgelöst und die Kombinationsübung erst am Ende nach dem Vorsitz belohnt.
- Der Hundeführer bewegt sich während der Übung; erst nur in eingeschränkter Version, d.h. langsam, später vielleicht sogar bis zu einem Hüpfen.
- Mit der Zeit verzichtet man auf die blockierende Hand.
- Dass mit Umgebung und Ablenkung natürlich immer gespielt werden muss, versteht sich inzwischen von selbst.

Die blockierende Hand veranlasst Glen ruhig sitzen zu bleiben.

Innehalten

Im Unterschied zum BLEIB, das eine statische Position auf unbestimmte Zeit manifestiert, soll das HALT eine bestehende Bewegung stoppen. Gerade wenn Sie mit Ihrem Vierbeiner unterwegs sind, er beispielsweise vor Ihnen auf eine Kreuzung im Wald zuläuft, verschafft Ihnen dieses Signal Zeit, selbst vorauszugehen und zu prüfen, ob aus den anderen Wegen vielleicht Passanten oder Artgenossen zu sehen sind, die ein Zu-sich-Nehmen oder Anleinen des Hundes erfordern. Wenn nicht, wird aufgelöst und der Hund darf einfach wieder weiterlaufen.

Die anfängliche körperliche Hilfe, um das HALT einzuführen, ist die Blockade mit der flachen Hand direkt vor dem Hund.

Mit der Zeit kann man die blockierende Hand auch mit Abstand einsetzen.

Hörzeichen
Nehmen wir HALT.

Umsetzung
Sie gehen neben Ihrem Hund, sprechen das HALT aus und legen gleichzeitig Ihre flache Hand auf die Brust des Hundes, wodurch er blockiert wird. Während er ruhig steht, wiederholen Sie das Halt stetig, um es dann mit LAUF aufzulösen und die Hand wegzunehmen. Üben Sie fleißig und vergrößern Sie zunehmend mit ausgestrecktem Arm und blockierender Hand, selbst vor dem Hund, den Abstand zu Ihm, sodass Ihre Hand nicht mehr vor der Brust positioniert ist, sondern nur noch als optische Begrenzung aus der Entfernung dient.

Generalisieren
Mit der Zeit können wir nun versuchen, den auch vor uns laufenden Hund zum Anhalten zu bewegen. Sprechen Sie das HALT dann aus, wenn Ihr Hund nur minimal vor Ihnen läuft. Hält er nicht inne, verschaffen Ihnen einige schnelle beherzte Schritte die Möglichkeit, den Hund an der Brust zu stoppen.

Variieren Sie wie gewohnt durch Wechsel von Umfeld und Ablenkung, mal von vorn, mal von hinten. Nie das Auflösen vergessen!

FUSS-Laufen: An lockerer Leine in richtiger Position ...

Aufbau und Anwendung von Signalen

... lässt man bei der Auflösung die Leine einfach durch die Hände gleiten, damit sich der Hund seine davonkullernde Belohnung holen kann.

Nebeneinandergehen

Schon aus Sicherheitsgründen ist es wichtig, dass der Hund lernt, eng bei uns zu gehen. Es hat sich bewährt, dies so einzuführen, dass sich der Kopf des Hundes auf der Höhe des Knies seines Menschen befindet.

In Prüfungen wird es gerne gesehen, dass der Hund dabei den Kopf so anhebt und dreht, dass er seinem Menschen ins Gesicht blicken könnte. Das ist sicherlich auch im Alltag die optimierte Form des Zusammengehens, da sie nicht nur den körperlichen, sondern auch den mentalen Kontakt zum Hundeführer herstellt. In gefährlichen Situationen ist dies von unschätzbarem Wert. Doch sollte uns klar sein, dass diese eingedrehte, erhobene Kopfhaltung für unseren Hund nicht die bequemste Position darstellt. Besonders für sehr kleine Hunde ist diese Haltung äußerst anstrengend. Bevor Ihr Vierbeiner also die Genickstarre bekommt, sollte das so eingeforderte Mitgehen schnell wieder aufgelöst werden.

Varianten

Prinzipiell muss das Nebeneinandergehen auch mit ständigem Richtungswechsel mit und ohne Leine geübt werden. Wird dem Hund diese Übung von klein auf korrekt beigebracht, spielt es für ihn keine Rolle, ob er angeleint ist oder nicht. (Im Gegenteil habe ich die Erfahrung gemacht, dass mancher Hund ohne Leine sogar konzentrierter läuft als mit.) Dann ist die Leine nur noch eine mancherorts gesetzlich geforderte Sicherung. Sie sollte nie ein notwendiges Mittel sein, den Hund bei sich behalten zu können. Hat sich jedoch schon ein Ziehen etabliert, sollten Sie die Leine vorerst besser an einem Geschirr anstatt einem Halsband befestigen. So können beim ständigen Richtungswechsel im Training durch möglicherweise kurzfristig entstehenden Zug keinerlei gesundheitlichen Probleme entstehen. In solch einem Fall hat es sich auch als hilfreich erwiesen, ein Brustgeschirr zu wählen, bei dem die Leine an einem Ring vorn an der Brust befestigt wird. Sollte der Hund ausweichen wollen, verschafft der nun an der Brust des Hundes entstehende Zug automatisch ein Hinwenden zu seinem Menschen, wodurch dessen Einflussnahme erhöht wird.

Extra

Mir scheint es sehr sinnvoll, die Leine, entgegen der bei Prüfungen geforderten Praxis, in der vom Hund entfernten Hand zu halten, um mit der dem Hund nahen Hand Hilfen geben zu können. Ginge mein Hund links von mir und ich hielte die Leine ebenfalls links, müsste ich mich etwas eindrehen, um mit der Rechten das Leckerchen dem Hund anzubieten, was eine aufrecht selbstsichere Haltung unsererseits behindern würde.

Hörzeichen

Wir nehmen das in Prüfungen übliche FUSS.

Umsetzung

Nehmen Sie sich kleine Belohnungshappen. Nun halten Sie ein Stück dem Hund als Anreiz vor die Nase und ziehen es Richtung Ihrer Augen, sodass er automatisch ganz korrekt auf der Höhe Ihres Knies läuft, aber auch zu Ihnen hochschaut und gehen dann ein paar Schritte, während Sie das Signal FUSS permanent wiederholen. Dann lösen Sie mit dem passenden Signal (LAUF) die Anforderung auf und lassen das Leckerchen vom Hund weg auf dem Boden davonkullern. Der Hund darf nun nachspringen und sich die Leckerei holen.

Generalisieren

Mal fordern Sie nur drei Schritte, mal sind es gleich zwanzig, mal schnell, mal in Zeitlupe, mal geradeaus, mal in mehreren Winkeln. Gerade das Gehen in vielen Winkeln und unter dauerndem Tempowechsel erzeugt beim Hund die gewünschte Aufmerksamkeit, erleichtert es ungemein, den Hund korrekt auf der richtigen Höhe zu halten. Nutzen Sie das ständige Variieren, wenn der Hund zu schnell wird oder sich zurückfallen lässt.

Prüfungen

- Bei Prüfungen legt man oft noch Wert darauf, dass zwar der Hund zum Hundeführer hochschaut, dieser selbst aber stur nach vorn. So müssen Sie das für Prüfungen eben einüben. Ich persönlich halte weit mehr davon den Blick des Hundes nicht ins Leere laufen zu lassen, sondern ihn freundlich zu erwidern.
- Auch wird vom links gehenden Hund ausgegangen. Aber natürlich spricht überhaupt nichts dagegen, beidseitig nebeneinander zu gehen, was im Alltag mehr Spielraum verschafft, wenn beispielsweise einer Gefahr auf der linken Seite ausgewichen werden soll, der Hund auf der rechten Seite also sicherer untergebracht wäre.
- Sollten Sie vorhaben, irgendwann an Prüfungen teilzunehmen, schlage ich jedoch vor, für die rechte Seite ein anderes Hörzeichen zu etablieren als für die linke. So kann es nicht passieren, dass sich der Hund, gerade in Prüfungen, wenn es Ihnen wichtig ist, irrtümlich an die »falsche« Seite begibt.
- Auch ist vorgeschrieben, dass sich der Hund beim Stehenbleiben automatisch neben den Hundeführer setzt. Am besten üben Sie erst

Ein Musterbeispiel für das Fussgehen ohne Leine;

das Nebeneinandergehen alleine. Klappt alles, fordern Sie am Ende erst ein SITZ ein und lösen dann auf. Sie können aber auch das Sitzen dadurch auslösen, dass Sie Ihrem Vierbeiner neben sich ein Leckerchen von der Nase über den Rücken führen (siehe SITZ) und er sich somit automatisch hinsetzt. Nach reichlichen Wiederholungen, bei denen sich an das Herkommen regelmäßig das Sitzen anschließt, wird der Hund sich dann sowieso gleich setzen, wenn Sie stehenbleiben.

- Bis vor einigen Jahren drehte man sich als Hundeführer bei einer Kehrtwende gegen den Hund ein und führte ihn hinter sich herum. Da dies inzwischen nicht mehr Standard ist, können wir darauf verzichten, dies im Einzelnen zu erläutern.

Alltagstauglichkeit

Meines Erachtens sollten wir aber fair bleiben und nicht zu viel von unserem Hund verlangen. Stellen Sie sich doch mal vor, Sie gingen mit jemandem spazieren. Bleibt Ihr Partner plötzlich

Aufbau und Anwendung von Signalen

mit Freude einander zugetan.

ohne Ankündigung an einem Schaufenster stehen, werden Sie unweigerlich schon einen Schritt weitergegangen sein, bevor Sie den unangekündigten Stopp realisieren konnten. Sollten wir das unserem Vierbeiner nicht auch zugestehen?
Nehme ich ungezwungen meinen Vierbeiner zu einer Erledigung mit, sodass ich ihn nicht permanent im Auge behalten kann oder will und situationsbezogen automatisch immer wieder mein Tempo ändere, braucht auch der Hund mehr Spielraum, um sich anpassen zu können, sollte deswegen nicht gleich gemaßregelt werden.
Es ist Gang und Gäbe, dem Hund unbewusst, oder besser gesagt aus Nachlässigkeit, beim andauernden Fußgehen keinen Blickkontakt mehr abzuverlangen. Das halte ich für unzweckmäßig, ist es doch für den Hund verwirrend, dass einmal der Blickkontakt ein Muss, das andere Mal nicht nötig ist.
Gerade weil meines Erachtens das exakte Fußgehen dem Hund nicht über einen längeren Zeitraum zugemutet werden sollte, bietet es sich an, noch eine lockerere Variante einzuführen, diese aber dann auch anders zu benennen.

Ich selbst benutze beispielsweise für das entspannte nebeneinander Gehen, ohne geforderten Blickkontakt und mit moderatem Spielraum von ca. plus/minus 50 Zentimetern zur Höhe des menschlichen Knies den Ausdruck BEI MIR. Beim Einüben hält man das Leckerchen dann auf Hundekopfhöhe und nicht wie beim Fußgehen höher um ihn zum Hochsehen zu veranlassen.

Ins Auto springen und bleiben

Wer seinen Hund oft im Fahrzeug mitnimmt, wird, wenn er gerade beide Hände voll hat, froh sein, ihn eigenständig in den geöffneten Kofferraum schicken zu können. Noch wichtiger ist, dass er dort zuverlässig verbleibt, bis er die Freigabe zum Herausspringen bekommt. Letzteres kann Leben retten, denn ein unvermittelt herausspringender Hund ist für sich und andere eine große Gefahr.
Die folgende Beschreibung bezieht sich auf einen bei Hundehaltern recht üblichen Kombi. Sollten Sie den Hund auf der hinteren Sitzbank befördern, werden die Anweisungen analog an der Seitentür durchgeführt.

Hörzeichen
Ich benutze dafür einfach AUTO.

Umsetzung
Gehört Ihr Vierbeiner zu den Autofanatikern, reicht eine Handbewegung zum offenen Kofferraum und der Hund springt hinein.
Bei allen anderen ist es besser, den Hund anzuleinen und zügig auf das offene Fahrzeug zuzulaufen, sodass der Hund, nun schon in der Bewegung, einfach weiterspringt. Reicht auch das nicht, sollten Sie einen Leckerbissen voraus in den Kofferraum werfen, damit der Hund hinterherspringt.
Genau in dem Moment, in dem der Hund seinen Sprung ins Auto durchführt, geben Sie das Wortsignal und können es wiederholen, solange der Hund ruhig im Auto bleibt. Zu Beginn reichen wenige Sekunden aus; dann lösen Sie die Anforderung durch Herausbitten des Hundes auf. Veranlassen Sie ihn nach weiteren Übungen jeweils zum Hinsetzen, da

Mit Hilfe der richtungsweisenden Hand wird der Hund zum Sprung ins Fahrzeug motiviert, wozu gleichzeitig das Hörsignal ausgesprochen wird.

Dort soll der Vierbeiner ruhig bleiben. Falls nötig, wird als Gegenmaßnahme zu einem eventuell vorzeitigen Verlassen des Fahrzeuges blockierend eingegriffen.

Erst wenn Frauchen zum Ausstieg die Freigabe erteilt, darf der Vierbeiner das Auto verlassen.

dies Ruhe einkehren lässt und den Hund darauf vorbereitet, unter Umständen längere Zeit im Auto zu bleiben; dies möglichst nur körpersprachlich ohne ein SITZ, das den Aufbau des neuen Signales nur unterbrechen würde. Belohnen! Bleiben Sie noch etwas blockierend vor Ihrem Vierbeiner stehen, bis Sie auflösen, indem Sie ihn herausbitten.

Generalisieren

»Spielen« Sie mit der Dauer der Anforderung. Mal muss der Vierbeiner nur wenige Sekunden im Fahrzeug bleiben, mal muss er länger ausharren. Das Auto sollte an unterschiedlichen Stellen geparkt sein. Dann bitten Sie auch mal einen Bekannten mit Hund, am offenen Fahrzeug vorbeizugehen. Postieren Sie sich neben dem Kofferraum so, dass Sie jederzeit den Hund körperlich blockieren können, falls er von sich aus vorzeitig den Kofferraum verlassen möchte.

Erfolg testen

Haben Sie diese Übungen wirklich intensiv trainiert und ausnahmslos darauf geachtet, dass der Hund wirklich niemals ohne ausdrückliche Aufforderung das Fahrzeug verlässt, können Sie beim Nachhausekommen, das heißt in sicherem Umfeld, probieren, ob Sie den Kofferraum schon vom Autoinneren aus mit der Fernbedienung öffnen können, ohne dass der Hund von alleine herausspringt. Unterstützen Sie ihn zuerst noch durch ein BLEIB, bevor Sie den Öffner betätigen. Verlässt er das Auto trotzdem, ist es wichtig, den Hund sehr bestimmt, ruhig aber unmissverständlich, direkt wieder ins Fahrzeug zurückzuschicken, einige Sekunden abzuwarten und dann erst herauszurufen. Nur so erhalten Sie mit der Zeit einen zuverlässig im Fahrzeug wartenden Hund. Ganz gleich wie sehr Sie zeitlich unter Druck stehen: Es darf kein einziges Mal geben, bei dem der Hund mit dem vorzeitigen Verlassen des Fahrzeuges unkorrigiert durchkommt. Das kann Leben retten.

Schreck lass' nach!

Ich hatte einmal meinen Hund auf dem Parkplatz eines Supermarktes neben einer vielbefahrenen Landstraße im Fahrzeug zurückgelassen. Als ich herauskam, stand die Heckklappe offen. Vielleicht hatte die Automatik versagt, vielleicht auch ich; keine Ahnung. Panik! Welche Erleichterung, als ich zum Auto kam und mein Hund im offenen Kofferraum ruhig wartete.

Wegseite bestimmen

Wenn Sie mit Ihrem Hund unterwegs sind, ist es sehr hilfreich, ihn auf einer bestimmten Seite des Weges frei laufen lassen zu können. Rechts sind beispielsweise Erntehelfer im Einsatz; da ist es doch angebracht, dass der Hund lieber an der linken Wegseite läuft.

Rein theoretisch könnte man dem Hund natürlich unterschiedliche Hörzeichen für die rechte oder die linke Seite beibringen. Schließlich lernt ein Hund beim Fußgehen auch, dass er sich links vom Knie positionieren soll. Aber, seien wir mal ehrlich, es fällt uns Menschen schwer, wenn wir unseren Hund in eine bestimmte Richtung schicken möchten, uns vorher zu überlegen, welche Seite nun die rechte oder linke für ihn ist, denn manchmal befindet sich der Hund in unserer Laufrichtung, manchmal hat er sich uns zugedreht und steht entgegengesetzt. So ist es realistischer, mit dem Signal nur vorzugeben, dass an eine Seite zu gehen ist, diese aber mit dem richtungsweisenden Arm zu präzisieren.

Hörzeichen

Benutzen wir SEITE.

Umsetzung

Während der Hund neben Ihnen gemächlich, aber frei läuft, sprechen Sie das Hörzeichen aus und drücken ihn sanft mit der Außenseite Ihrer flachen Hand Richtung Wegesrand. Nun gehen Sie mit Ihrem Vierbeiner parallel an der Seite mit und wiederholen stetig das Hörzeichen, um dann wieder mit LAUF aufzulösen.

Generalisieren

Üben Sie das mal rechts, mal links, gehen Sie anfangs noch einige Meter neben dem Hund her, wobei Sie nur dann mit der Hand schieben, wenn es nötig ist. Dann beginnen Sie Ihren parallelen Abstand zu vergrößern, während Sie das Signal wiederholen. Driftet der Hund ab,

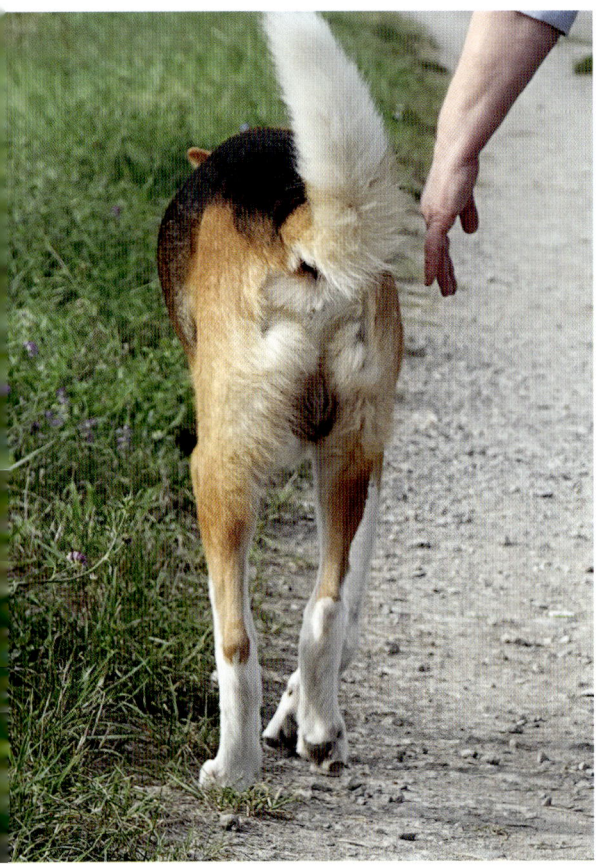

Beim Aufbau des Signales SEITE drängt man den Hund sanft mit der flachen Hand an die Wegseite und wiederholt dabei mehrfach das Hörzeichen.

Sitzt das Signal, reicht es aus, den Hund anzusprechen und ihm dann die passende Seite mit dem Arm anzuzeigen.

korrigieren Sie sofort mit einem NEIN. Blickt der Hund Sie daraufhin an, zeigt Ihr Arm in die passende Seitenrichtung. Dreht der Hund wieder auf die gewünschte Seite zu, sollten Sie unverzüglich loben, zwei, drei Schritte abwarten und dann die Anforderung auflösen. Steuert er weiter auf die »falsche« Seite zu, müssen Sie ihn wieder mit leichtem Druck der Hand korrigieren. Sitzt das, bleiben Sie selbst nicht mehr parallel zum Hund, sondern gehen mal vor, mal hinter ihm, zuerst jedoch noch so nah, dass Sie nötigenfalls korrigieren können. Doch werden Sie sehen, wie schnell der Hund verstanden hat, dass er am angezeigten Wegrand bleiben muss. Wenn Sie nun das Ganze auch bei verschiedenen Reizen üben, festigt sich die Anforderung und wird Ihnen künftig auf vielen Spaziergängen Freude bereiten.

An den Wegrand setzen und dort bleiben

Wenn mein Hund entspannt ca. zwanzig Meter vor mir auf Wald- oder Feldwegen läuft und ich plötzlich davon überrascht werde, dass von hinten beispielsweise ein Radfahrer kommt, reicht die Zeit nicht aus, den Hund zu mir zurückzuholen. So benutze ich eine Kombination aus dem SEITE und einem SITZ, um den Hund zuverlässig aus dem Verkehr zu nehmen.

Hörzeichen

Zuerst wird der Hund mit SEITE nach rechts oder links an den Wegrand geschickt, dann mit SITZ zum Hinsetzen veranlasst. Das wird dann letztendlich zum SEITESITZ.

Umsetzung

Zuerst schicken Sie Ihren Hund mit SEITE und dem richtungsweisend ausgestreckten Arm an eine sichere Stelle am Wegesrand. Ist er dort angekommen, fordern Sie mit SITZ, dass er sich ruhig hinsetzt.
Warten Sie einige Sekunden, bis Sie mit LAUF den Hund wieder freigeben.

Aufbau und Anwendung von Signalen

Aaron kennt das SEITE-SITZ-Signal, hat sich auf die gewünschte Seite begeben, um sich dort zu setzen.

Generalisieren

Üben Sie das wie gewohnt überall und in allen Variationen. Nun können Sie versuchen, die beiden Hörzeichen zu einem zu verschmelzen. Mit SEITESITZ lernt der Hund nun, nach einem kurzen Blickkontakt, indem ihm Ihr Arm die Richtung vorgibt, direkt an die Seite zu laufen und sich zu setzen. Klappt es nun zuverlässig, beginnen Sie damit, Ihren Abstand zum Hund zu vergrößern. So fordern Sie das SEITESITZ auch schon ein, wenn sich der Hund einige Meter von Ihnen entfernt aufhält. Beginnen Sie so, dass Sie anfangs bei Nichtbeachtung noch mit wenigen schnellen Schritten den Hund mit einem zarten Schieben mit dem Handrücken seitlich am Hunderumpf dazu veranlassen können, nun doch an die Seite zu laufen.

Wird der Hund regelmäßig für Passanten mit SEITESITZ an den Wegrand geschickt, macht er dies oft schon ganz von alleine.

Wenn der Hund nun auch schon aus der Entfernung korrekt reagiert, beginnen Sie damit, sich kontrolliert in Absprache mit Bekannten Reize zu organisieren. Üben Sie während eine Person an Ihrem sitzenden Hund vorbeiläuft, später auch vorbeirennt oder mit dem Fahrrad vorbeifährt. Lassen Sie jemanden mit Hund vorbeigehen etc. Wenn Ihr Vierbeiner zuverlässig an der Seite sitzt, können Sie sich auf allerlei positive Kommentare gefasst machen. »Wahnsinn, der hört ja.«, »Mann ist der gut erzogen!« Aber auch unerwartet Kurioses, wie »Wenn Ihr Mann so hört wie Ihr Hund – alle Achtung!«, sind keine Seltenheit.

Aufbau vs. Einsatz

Beim Signalaufbau darf das Signal ausschließlich dann zu hören sein, wenn der Hund das gewünschte Verhalten gerade ausführt. Erst wenn der Vierbeiner das Hörzeichen auch wirklich verstanden hat, darf es als Aufforderung vorab ausgesprochen werden.

Nachrückende Sichtzeichen

Während der Hund das jeweilige Verhalten zeigt und wir das Signalwort immer weiter wiederholen, können wir zusätzlich ein Sichtzeichen einführen, was uns künftig in Situationen zugutekommt, in denen Hörzeichen schlecht verstanden werden.

Beispiel: Hinsetzen
Man könnte sich beispielsweise vor den durch das Hörzeichen SITZ bereits in der gewünschten Position verharrenden Hund, mit aufgestelltem Zeigefinger positionieren.
Wir kommen im nächsten Kapitel noch einmal speziell auf Sichtzeichen zu sprechen.

Achtung Reihenfolge!
Wichtig ist jedoch, dass beim Aufbau von Hörsignalen immer zuerst das Wort ausgesprochen und dann erst das Sichtzeichen gegeben wird. Da der Hund naturgemäß körpersprachlich orientiert ist, würde ihm das körperliche Zeichen meist ausreichen, um es mit dem Verhalten zu verknüpfen. Damit würde ein folgendes Wort überhaupt nicht mehr benötigt und somit auch nicht mehr unbedingt wahrgenommen. Ein Lernen des Wortes würde durch das bereits erklärende Sichtzeichen somit vereitelt. So muss das Hörzeichen beim Signalaufbau prinzipiell unmittelbar vor das Sichtzeichen gesetzt werden.

Wollen

Hat der Hund nun verstanden, was wir von ihm mit dem jeweiligen Hörzeichen erwarten, können wir es ab sofort auch einfordern. Wenn es jetzt nicht klappt, liegt es nicht mehr am Können, sondern am Wollen.

Auch unsere geliebten, tierischen Gefährten sind keine Heiligen und stellen manchmal auf stur, oder liebevoller ausgedrückt: Der Hund setzt gerade andere Prioritäten.

Wie gehe ich vor, wenn das Hörzeichen dem Hund bereits geläufig ist, ich das Verhalten mit Signal einfordere, er aber nicht oder nicht mehr darauf eingeht?

Hier ist wichtig, dem Hund im richtigen Moment ganz klar zu zeigen, dass man mit ihm unzufrieden ist, aber auch gleich wieder freundlich zu reagieren, wenn er korrekt nachbessert.

Während der Vierbeiner auf das KOMM-Signal korrekt reagiert, kann man es zur Festigung fleißig wiederholen.

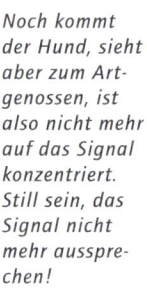

Noch kommt der Hund, sieht aber zum Artgenossen, ist also nicht mehr auf das Signal konzentriert. Still sein, das Signal nicht mehr aussprechen!

Beispiel: KOMM

Ich rufe den Hund mit KOMM zu mir. Er startet und läuft freudig auf mich zu. Prima! Immer wieder sage ich KOMM (muss ich zwar nicht mehr, wenn der Hund das Signal kennt, kann ich jedoch ab und zu tun, um es weiter zu festigen).

Nun plötzlich sieht mein Hund einen Artgenossen, läuft aber weiter in meine Richtung. Augenblicklich bin ich still, denn er ist nicht mehr auf das Kommen konzentriert. Noch läuft er richtig, aber mit den Gedanken ist er schon beim Artgenossen.

Wenn mein Hund nun aber in dessen Richtung abdreht, reicht Stillsein nicht mehr aus. Jetzt kommt von mir ein bestimmtes NEIN oder sonst ein strenger Unterlassungsausdruck.

Aufbau und Anwendung von Signalen

Inzwischen nicht nur geistig, sondern auch praktisch auf Abwegen, ist es an der Zeit, dem Hund mit einem NEIN zu zeigen, dass man unzufrieden ist.

Das hat gefruchtet. Der Vierbeiner lenkt ein und kommt nun doch. Kräftig loben!

Würde ich das KOMM wiederholen, würde meinem Hund fälschlicherweise der Eindruck vermittelt, es sei nicht so wichtig, schon beim ersten Mal zu gehorchen. Mit dem NEIN erkennt er, dass ich unzufrieden bin. Je nach Hund kann dies auch sehr streng ausfallen. Wirkt nun das Abbruchsignal und mein Hund wendet sich von dem anderen Hund ab, um zu mir zu kommen, sollte ich sofort mit freundlicher Stimme loben.

Korrektur bei Nichtbeachtung des Signals

Ein eingefordertes Signal darf bei Nichtbeachtung nicht wiederholt werden. Stattdessen wird ein Unterlassungssignal gegeben. Zeigt dies Wirkung, wird unverzüglich freundlich gelobt.

Impulskontrolle
– im Alltag unerlässlich

Probleme, die man konsequent ignoriert,
verschwinden nur, um Verstärkung zu holen.

Sonja Brückner

Selbstbeherrschung

Plötzliche Bewegungen wirken aufgrund des wölfischen Erbes auf den Hund unmittelbar stark stimulierend, könnte dies in der Natur doch auf fliehende Beute schließen lassen, die es zu verfolgen gilt. Auch wenn unsere Hunde inzwischen nicht mehr auf die Nahrungsbeschaffung angewiesen sind, ist dieses Reaktionsmuster weiterhin aktiv. So ist es überaus wichtig, dass der Hund beizeiten lernt, sich zu beherrschen, wenn sich etwas irgendwo bewegt.

Vorab

Natürlich muss unser Vierbeiner prinzipiell in vielen Situationen lernen, sich zu zurückzunehmen. Mit jedem Unterbrechungssignal, wir nannten es im Kapitel »Aufbau und Anwendung von Signalen« NEIN, verdeutliche ich meinem Hund, dass er eben gerade nicht tun darf, was ihm aktuell in den Sinn gekommen ist. Auch jede körperliche Blockade von uns, sei es unser Körper frontal vor dem Hund positioniert oder auch nur die aufgerichtete Hand, erwartet von ihm ein Innehalten. Spielen Mensch und Hund zusammen mit einem Gegenstand, verlangt das Herausgeben ebenfalls ein gewisses Maß an Selbstkontrolle.

Beißhemmung

Die sogenannte Beißhemmung ist wohl eine der allerersten Erfolge der Selbstbeherrschung, die ein Hund verinnerlichen muss. Welpen setzen beim lebhaften Spiel gerne ihre Zähne ein. Ein zu fester Biss wird aufgrund des Schmerzes von den Wurfgeschwistern zuerst mit einem kurzen Aufschrei quittiert. Beeindruckt das den beißenden Welpen nicht unmittelbar, findet das Spiel ein jähes Ende, da es dem Kollegen keinen Spaß mehr macht, weiterzutoben. Falls es dem Gegenüber gar zu bunt wird, revanchiert er sich jedoch mit einem Gegenbiss.

Schnell lernt ein Jeder, dass der kräftige Einsatz der Zähne sich unweigerlich negativ auswirkt

und er gut daran tut, vorsichtig zu sein. Damit haben sich die Wurfgeschwister gegenseitig beigebracht, die Intensität des Beißens zu kontrollieren. Einzelwelpen oder Hunden, die zu früh von ihren Wurfgeschwistern getrennt wurden, muss dies in anderer Form unbedingt nachgestellt werden. Auf jeden festeren Biss muss eine wohldurchdachte, aber für den Hund unangenehme Gegenmaßnahme durch uns erfolgen. Ein heller Aufschrei mit folgendem Zwicken des Kleinen ersetzt das Fiepen und den Gegenbiss des Geschwister-Welpen.

Einen Hund ohne Impulskontrolle und Beißhemmung auch nur in die Nähe eines Kleinkindes mit seinen hastigen und ungeschickten Bewegungen zu bringen, wäre unverantwortlich.

Negativerfahrung

Auch wenn zu Recht betont wird, dass eine moderne Erziehung über positive Verstärkung laufen muss, ist dies ein einleuchtendes Beispiel dafür, dass es Ausnahmen gibt. Die reinen anatomischen Möglichkeiten des Hundegebisses stellen sogar schon bei kleinen Hunden ein Gefährdungspotential dar. Sorgt man nicht frühzeitig dafür, dass der Welpe mit jedem kräftigen Biss eine negative Erfahrung macht, kann er später selbst zur Gefahr werden, lernt nicht, den Einsatz seiner Zähne zu dosieren. Wie könnte man solch einen Hund später mit Kindern spielen lassen?

Es steht außer Frage, dass positive Verstärkung ein wunderbares und effektives Erziehungsmittel darstellt. Aber es ist töricht, anzunehmen, dass restlos Alles nur durch positive Verstärkung geregelt werden kann. Zum Abwenden von Gefahr für den Hund aber auch für andere, kann in Ausnahmefällen tatsächlich eine wohldosierte Negativerfahrung unumgänglich sein.

NEIN bei maximalem Reiz

Unter Impulskontrolle versteht man in erster Linie die Selbstbeherrschung unter Extrembedingung. Hier hat der Hund nicht nur ein Ansinnen, dem wir Einhalt gebieten, sondern er soll lernen, einem angeborenen Reflex generell zu widerstehen. Die Impulskontrolle ist eine Art Erweiterung des bereits besprochenen BLEIB-Signales. Man versteht darunter, dass sich der Vierbeiner zu beherrschen lernt, nicht jeder Bewegung aus seiner Umgebung nachzuhechten. Dabei handelt es sich nicht um den Aufbau eines bestimmten

Was, wenn einer der Hunde zu den Fahrradfahrern ziehen würde? Durch den souveränen Gassigänger haben die Hunde gelernt, Passanten zu ignorieren.

Dieser Hund hat nicht nur gelernt, entspannt neben dem Kinderwagen zu laufen, sondern auch, die Jogger zu ignorieren.

Signales, sondern um eine grundsätzliche Übung zur Selbstbeherrschung, die lebenslang geübt werden sollte. Viel zu einschneidend, ja unter Umständen lebensbedrohlich, können die Folgen sein, wenn der Hund unerwartet davonstürmt.

Jagdtrieb
Als Teil des genetisch verwurzelten Jagdtriebes würde jeder gesunde Hund auf den Reiz schneller Bewegungen mit Hinterherhetzen reagieren. Im heutigen Umfeld völlig inakzeptabel. Ob der Vierbeiner Nachbars Katze, einem Hasen, einem Fahrrad, Auto oder dem Ball spielenden Kind hinterherjagen möchte: Wir können es nicht zulassen.
Aber gerade weil dieses Verhalten zum Urtrieb des Hundes gehört, bedarf es viel Übung und Konsequenz, es zu unterbinden.

Grundstein legen
Wir beginnen mit einem Übungsaufbau, der es Ihnen ermöglicht, das Einführungstraining ganz alleine mit Ihrem Hund umzusetzen und auf fremde Hilfe zu verzichten.

Erschwerte BLEIB-Übung
Das bereits eingeübte an Ort und Stelle Bleiben wird dadurch erschwert, dass wir für den Hund einen extremen Ablenkungsreiz schaffen, dem er jedoch nicht folgen darf.

Hörzeichen als Blockade
Zu Beginn arbeiten wir noch mit dem bereits eingeführten Signal BLEIB. Es wird zum Aufbau der Impulskontrolle als Konzentrationshilfe genutzt. Der Hund hat es schon erlernt und weiß, dass er dort bleiben soll, wo er sich gerade aufhält.

Impulskontrolle

Das am Stofftier befestigte Gummiband wird an der anderen Seite an einem Baum festgebunden.

Umsetzung
Nehmen Sie ein fünf bis zehn Meter langes Gummiband und befestigen Sie daran ein begehrtes Spielzeug Ihres Hundes. Das andere Ende knoten Sie beispielsweise im Wald an einen Baum. Nun entfernen Sie sich mit Ihrem Vierbeiner und dem Spielzeug in der Hand so weit vom Baum, dass auf dem Gummiband richtig viel Spannung liegt.

Sichern Sie Ihren Hund mit der Leine, die Sie am besten an der Schlaufe über den Arm ziehen, sodass Sie die Hand, von der kein Spielzeug gehalten wird, nutzen können.

Lassen Sie Ihren Hund ruhig neben sich hinsetzen, stellen Sie sich so vor ihn, dass Ihr Körper in einer Linie zwischen dem Hund und dem Baum

Impulskontrolle

Nachdem die ersten Versuche erfolgreich waren, kann man versuchen, auf das Blockieren mit dem Körper nun zu verzichten. Ein bestimmtes BLEIB soll den Hund am Hinterherrennen hindern.

Toll, wenn es dann sogar schon ohne Leine so gut klappt und der Vierbeiner dem losgelassenen Stofftier in Ruhe nachsieht.

steht, an dem das Spielzeug mit dem Gummiband befestigt ist, um den Hund nötigenfalls stoppen zu können. Sprechen Sie das BLEIB-Signal aus, halten dann die Hand ohne Spielzeug noch zusätzlich blockierend vor den Hund und lassen nun unvermittelt das Spielzeug los.
Bei der kleinsten Zuckung des Hundes müssen Sie maßregelnd eingreifen. Er muss erkennen,

dass jede Bemühung, dem Spielzeug hinterherzujagen, aussichtslos verläuft.

Es versteht sich von selbst, dass immer, wenn der Hund ruhig bleibt, extrem gelobt und möglicherweise belohnt werden sollte, denn was wir mit der Impulskontrolle von ihm verlangen, ist wirklich etwas Besonderes.

Impulskontrolle

Bis ein Hund gelernt hat, solche rollenden Reifen zu ignorieren, muss schon sehr viel trainiert worden sein.

Generalisieren

Es gilt nun bei der Intensität des Reizes, wie beim Auslöser zu variieren und im Gegenzug schrittweise unser körpersprachliches Blockieren abzubauen. Üben Sie das Verharren des Hundes in Situationen mit großem Bewegungsreiz in unterschiedlicher Umgebung, mit unterschiedlichen Gegenständen, Personen oder Fahrzeugen.

Sie stellen sich zu Beginn mit Ihrem ganzen Körper blockierend vor Ihren Hund, bringen zusätzlich Ihre Hand flächig vor ihm in Position und sprechen das Signalwort BLEIB aus. Während des Bewegungsreizes, testen Sie nun stufenweise, ob es möglich ist, diese körperlichen Hilfen Schritt für Schritt abzubauen.

Es kann auch mal ein ganzes Würstchen am Gummiband befestigt werden, das davonschnalzt. Mit der Zeit können Sie damit beginnen, zu testen, ob der Hund auch ohne BLEIB-Signal verstanden hat, dass er nicht von sich aus starten darf, wo immer er gerade ist. Immer noch sichern Sie ihren Hund an der Leine, damit er nicht doch noch zum eigenmächtigen Erfolg kommt und seinem Jagdtrieb nachgibt.

Dabei beobachten Sie Ihren Vierbeiner genau und blockieren ihn bei der leisesten Zuckung mit dem Unterbrechungssignal. Wenn Sie also den Eindruck haben, dass der Hund gerade überlegt, ob er nicht doch starten soll, kommt ein klares NEIN. Weitere Steigerungen sind beispielsweise:

- Er soll ruhig anderen Hunden beim Spiel zusehen.
- Sie organisieren, dass ein Fahrradfahrer plötzlich um die Ecke kommt und am Hund sehr schnell vorbeifährt.
- Auch ein schnell vorbeirennendes Kind kann den Jagdtrieb auslösen, dem der Hund widerstehen soll.
- Lassen Sie jemanden einen Ball werfen.

Mit der Zeit lernt der Hund, sich zu beherrschen und auch, dass es für alles ein Okay seines Menschen bedarf.
Leider muss ich Ihnen aber auch sagen, dass dazu sehr viel Übung nötig ist und Hundebesitzer mit Jagdhunden besonders gefordert sind. Es ist dabei ratsam noch eine ganze Zeit den Hund mit einer langen Leine gerade in Wald und Feld abzusichern.

Quietsch-Spielzeug

Da in jedem Hund der Jagdtrieb verankert ist, sollte man möglichst alles vermeiden, was diesen befeuert. Ich persönlich halte deshalb auch wenig von Spielzeug, das beim Zubeißen Töne abgibt und so einer Beute gleicht, die auf den Schmerz beim Biss reagiert.

Achtung: Hetzspiele

Es ist wenig hilfreich, den Hund mit Spielen zu beschäftigen, bei denen er schon während der Bewegung eines Gegenstandes starten darf. Ihn aus dem Flug heraus etwas aufnehmen zu lassen, entfacht den Jagdtrieb. Wenn überhaupt sollten solche Spiele nur in ganz klar festgelegten Bahnen (beispielsweise immer die gleiche Frisbeescheibe mit festgelegtem Startsignal) und nur mit wenig jagdlich orientierten Hunden durchgeführt werden. Wesentlich sinnvoller ist es, etwas wegzuwerfen, dabei den Hund nur zusehen zu lassen und erst nach der Landung des Gegenstandes den Hund zum Apportieren zu schicken. Er lernt sich selbst zu kontrollieren, genau auf Sie zu achten und erntet für seine Selbstbeherrschung dann den Lohn, der nicht nur darin besteht, dass er nun den Gegenstand holen darf, sondern auch noch mit einem kräftigen Lob von Ihnen bestätigt wird. Daran wächst sein Selbstwertgefühl und er orientiert sich immer mehr an Ihnen.

Ich verspreche Ihnen ein echtes Glücksgefühl, wenn Ihr Hund einen Hasen rennen sieht und sich zum ersten Mal nach Ihnen umsieht, um zu »erfragen«, was er tun solle.

Dem fliegenden Ball hinterherzujagen macht sicherlich großen Spaß, wäre bei jagdlich ambitionierten Hunden jedoch mit Vorsicht zu genießen, da es den Jagdtrieb befeuert.

Des Menschen Körpersprache – effektiv von Anfang an

Gelassenheit entsteht in der Konzentration
auf das Wesentliche.

Bruno Schulz

Gemeinsame Basis

Die Körpersprache ist das bedeutendste Kommunikationsmittel, auf das Mensch wie Hund von Geburt an zugreifen können. Hier bedarf es keiner aufwändigen Ausbildung. Das haben beide sozusagen im Blut.

Unbekümmertheit steckt an
Als sich unsere Familie durch zwei Enkelkinder im Abstand von vier Monaten vergrößerte, fragten wir uns, wie unser zurückhaltender Rüde damit umgehen würde. Der Hund war über den Tierschutz zu uns gekommen und zeigte aufgrund seiner negativen Früherfahrungen wenig Bestreben von sich aus mit fremden Menschen Kontakt aufzunehmen. Seine distanzierte Art ließ kaum erwarten, dass er den Kleinen entspannt gegenübertreten würde.

Während sich die Enkeltochter schon im Krabbelalter hocherfreut und vollkommen unbekümmert dem Hund frontal näherte, seinen Kopf in ihre kleinen Hände nahm, dabei auch noch ihre Wange auf seine Stirn legte und sie an ihm rieb, war sich der kleine Enkelsohn anscheinend selbst nicht sicher, was er wollte, obwohl er, im Gegensatz zu ihr, bei uns täglich ein- und ausging. Er suchte den Kontakt zum Vierbeiner. Nah an ihn herangerückt, schien ihn aber oft sein Mut zu verlassen. Streicheln ja, aber besser nur am Hinterteil, weg vom Kopf und vorzugsweise in sicherer Begleitung seiner Mutter.

Wie überrascht sind wir immer wieder aufs Neue über die Reaktionen unseres Hundes auf die Beiden. Die absolute Unbekümmertheit des Mädchens scheint er als klar und damit berechenbar zu bewerten. Sie zweifelt nicht, das ist offensichtlich. Mit ihrem sicheren Auftreten wirkt sie auf ihn vertrauenswürdig. So lässt er sich von ihr bereitwillig zwischen den Zehen kitzeln, überall drücken und genießt ganz eindeutig sogar ihre Distanzlosigkeit.

Sicherlich gewährt er ihr auch eine Art Babybonus. Auch wenn inzwischen allseits der sogenannte Welpenschutz infrage gestellt wird, kann man doch überall beobachten, dass Hunde in der Regel Menschenkindern wie auch Welpen gegenüber weit mehr Toleranz aufbringen, als gegenüber Erwachsenen.

Auch der Junge scheint den Babybonus zu erhalten. Immer wieder versucht der Hund, dem Kleinen freundlich nahezukommen. Die Wechselhaftigkeit des Kleinen jedoch verunsichert den Hund und lässt manche Reaktion hektisch ausfallen. Es entsteht keine ruhig vertrauensvolle, körperliche Nähe wie bei dem kleinen Mädchen.

Wer weiß, wie sich das weiter entwickeln wird. Es bleibt spannend.

In des Hundes Muttersprache
Es war mir schon immer ein Rätsel, warum man bei den üblichen Begleithundeprüfungen explizit darauf achtet, dass der Hundeführer sich »neutral« verhält und keine körpersprachlichen Hilfen gibt. Unnatürlich, fast roboterhaft wird eine lange eingeübte Abfolge vorgeführt. Die Prüfung wird mit Bravour abgelegt und doch sieht man nicht selten nach solch tadellosem Leistungsnachweis den Hund außerhalb des Prüfungsgeländes respektlos an der Leine ziehen und die Wünsche seines Hundeführers missachten.

Um eine tiefe Verbindung zu unserem Hund aufzubauen, sollten wir unsere ganze Persönlichkeit in die Waagschale werfen. Diese setzt sich aus den verschiedensten Komponenten unseres Auftretens zusammen; nicht zuletzt aus unserer körperlichen Präsenz.

Aufrecht, entspannt: In Gegenwart dieses Menschen fühlen sich die Hunde richtig wohl.

Wir sollten uns prinzipiell nicht die Chance entgehen lassen, unserer Führungsstellung, unseren Worten und unserem Ansinnen, wo immer es möglich ist, körperlich Bedeutung zu verleihen. Ob generell durch ruhig logisches Auftreten, Körperspannung, klare Richtungshilfen, hochgezogene Augenbrauen, ein breites Lächeln, die frontal aufgerichtete Hand zum Blockieren oder das einladende zu sich Winken: Körpersprachlich beeindrucken wir unseren tierischen Partner am effizientesten, denn wir kommunizieren mit ihm in seiner ureigensten Muttersprache. Er erkennt darin ohne besondere Ausbildung zum einen, was wir zum Ausdruck bringen möchten, zum anderen an der Klarheit unserer Bewegungen, dass wir das Zeug zur Führung haben und man sich uns entspannt anschließen kann.

Ausstrahlung

Uns Menschen geht es da ähnlich. Wenngleich wir uns allzu oft von Äußerungen und Oberflächlichkeiten beeinflussen lassen, vermitteln uns Personen mit hoch erhobenem Kopf, direktem Blick und klarem, selbstsicheren und stimmigen Auftreten ein gewisses Maß an Kompetenz. Das spiegelt sich auch in unserer Sprache wider: Wir bezeichnen beispielsweise eine sportlich dynamische Körperhaltung als drahtig. Draht ist ein zuverlässiger Schutz, festigt Grenzen, hält unliebsame Besucher fern.

Oder wir kennen den »aufrechten« Menschen. Sprachlich liegt dabei »im Recht sein« zugrunde. All dies impliziert, dass Menschen mit klarer Körpersprache als rechtschaffene, zuverlässige und

Des Menschen Körpersprache

Jeder kann sehen, dass der junge Mann unter Zeitdruck steht und nur den Gassigang erledigt. Auch sein tierischer Gefährte hat erkannt, dass er nicht auf ein Mehr an Zuwendung hoffen kann.

führungsstarke Persönlichkeiten wahrgenommen werden. Im Gegensatz hierzu steht der hektische oder geduckt kraftlos wirkende Mensch, dem man nicht zutraut, Probleme zu lösen.

Nichts zu verbergen?

Unsere seelische Verfassung spiegelt sich unweigerlich immer auch in unserer Körpersprache wider. Der Körper lügt nicht. Zwar haben wir Menschen inzwischen gelernt, eine Fassade aufzubauen, jedoch gelingt uns das trotz größter Anstrengungen immer nur teilweise. Vielleicht können wir mit einem aufgesetzten Lächeln den einen oder anderen Zeitgenossen täuschen. Wer aber unsere komplette Körpersprache zu lesen vermag, wird sich davon nicht beeindrucken lassen. Leider haben das die meisten von uns inzwischen verlernt. Sie lassen sich von den allerersten Eindrücken blenden.

Unsere Hunde jedoch beherrschen die Beurteilung der Körpersprache perfekt. Sie wissen jederzeit, wie es in Wahrheit um uns bestellt ist. Vor ihnen können wir uns nicht verstellen.

Gelassenheit vermittelt Stärke. Hier sucht der weiße Hund zuerst einmal Schutz unter den Beinen seines entspannten Menschen. (Später wurde der Hund mutiger.)

Selbstbewusstsein bringt Erfolg

Traue ich mir somit selbst zu, Probleme lösen zu können, drückt sich das ganz automatisch in meiner Körpersprache aus und erreicht unmittelbar den Vierbeiner. Dieser erkennt an der Zielstrebigkeit mit der ich mein Vorhaben in die Tat umsetze, aber auch an souveräner Gelassenheit, dass er sich auf mich verlassen kann, dass etwaige Forderungen immer durchgesetzt werden. Hierdurch schließt er sich nicht nur widerstandslos, sondern auch freudig an.

Sichtzeichen

Selbst wenn wir auf Hörsignale im täglichen Leben kaum verzichten können, um auch auf größere Distanz und ohne Blickkontakt mit dem Hund eine Möglichkeit zu haben, uns zu verständigen, sollten wir, wo immer möglich, generell auch unsere eigene Körpersprache ganz bewusst einsetzen.

Zum Aufbau der Hörsignale

Wie bereits beim systematischen Aufbau eines Hörzeichens genau beschrieben, werden dabei im Vorfeld zum Animieren des Verhaltens gerne unterstützende körperliche Hilfen eingesetzt. Damit lässt sich der Hund, als Meister der Beobachtung, leicht locken, das angestrebte Verhalten auszuführen.

Ohne Worte

Aber auch für eigenständige Sichtzeichen nutzen wir unsere körperliche Ausdrucksweise. Sei es der erhobene Zeigefinger, um den Hund zum Sitzen aufzufordern oder die nach unten gerichtete flache Hand, um ihn zum Hinlegen zu bewegen. Brauchen wir die Hörsignale, um mit unserem Vierbeiner auch ohne Blickkontakt zu kommunizieren, geben uns die Sichtzeichen die Möglichkeit, auch dann auf den Hund einzuwirken, wenn ihn unsere Worte aufgrund einer starken Geräuschkulisse nicht mehr erreichen. Sie helfen uns auch weiter, wenn in weitem offenen Gelände zwar eine gute Sichtbarkeit vorliegt, die Hörbarkeit unserer Signale jedoch unter der großen Entfernung oder schwierigen Witterungsverhältnissen leidet.

Eindeutige Körpersprache vermittelt dem Hund liegen zu bleiben.

Zwei auf einen Streich

Es bietet sich an, direkt beim Aufbau eines Hörzeichens, ein von uns passend gewähltes Sichtzeichen anzuhängen. Es darf dabei jedoch nicht vor das Hörsignal gesetzt werden (siehe Kapitel Praxis: Achtung Reihenfolge). So bauen sich mit ein und derselben Übung Hör- und Sichtzeichen gleichermaßen auf.

Das Plus an Kommunikation

Unsere eigene Körpersprache dient grundsätzlich als weiteres und äußerst wichtiges Standbein in der Verständigung zwischen Mensch und Tier. Ob in Kombination mit Hörzeichen oder alleine: Sie hilft uns, dem Hund etwas zu verdeutlichen.

Auch sollten wir im Auge behalten, dass unser Vierbeiner mit zunehmendem Alter möglicherweise in seiner Wahrnehmung reduziert sein wird. Beim einen schwindet das Augenlicht, beim anderen das Gehör. So tun wir gut daran, die Kommunikation auf beiden Ebenen zu pflegen.

Sichtzeichen auflösen

Wird ein Sichtzeichen als Zusatz zum Hörzeichen angehängt, erfolgt die Auflösung ohnehin mit der des Hörsignales. Ein isoliert eingesetztes Sichtzeichen muss natürlich auch explizit aufgelöst werden. Ob Sie dazu eine passende Handbewegung wählen oder eben doch wieder mit dem Freigabesignal als Hörzeichen arbeiten, können Sie situationsbedingt festlegen.

Das Sichtzeichen zur Auflösung sollte jedoch sorgfältig gewählt werden, um dem Hund ganz klar das Ende der Anforderung zu verdeutlichen.

Bewusste Auflösung

Damit Signale ihre Zuverlässigkeit behalten, muss jedes Hör- oder auch Sichtzeichen ganz klar und bewusst aufgelöst werden.

Genauso eindeutig: die Auflösung.

Wenn es nötig ist

Mit dem bisher erläuterten Vorgehen wird ein Hund sich in der Regel an seinem Menschen orientieren und ihn respektieren und das mit großer Zuverlässigkeit. Aber, machen wir uns nichts vor, es gibt im Leben keine 100 %. Manchmal reicht es eben doch nicht. Manchmal scheint auch unser Vierbeiner auf ein für ihn attraktives Ziel derart fixiert, dass er wie durch eine Wand von unserem Einfluss abgeschnitten zu sein scheint. Hörsignal, selbst scharfer Unterton: erfolglos.

Vertane Mühe
Es ist vollkommen sinnlos, dann mit dem Wiederholen des Signales aufzutrumpfen oder wild zu drohen. Damit erreichen wir unseren Vierbeiner nicht mehr, zeigen nur, dass wir die Lage keineswegs im Griff haben. Sei es im Spiel mit, im ständigen Aufreiten bei Artgenossen oder auf dem Weg zum modrigen Hamburger am Wegesrand. Je nach Präferenzen Ihres Hundes übermannt ihn sein Spieltrieb, sein Sexualtrieb oder seine Fressgier.

Berührung
Werden Sie körperlich! Hunde untereinander tun dies ganz gezielt. Fordern Sie seine Aufmerksamkeit durch einen körperlichen Impuls. Ein sehr schneller Klaps mit der Außenseite der Hand

Bevor der Hund etwas vom Boden aufnimmt, ist schnelles Eingreifen wichtig. Einige beherzte Schritte und Wegdrücken des Hundes mit der flachen Hand halten den Vierbeiner von manchem Unrat ab.

auf die Seite des Hundes erschrickt ihn etwas und holt ihn geistig zu Ihnen zurück, ermöglicht wieder Ihre normale Einflussnahme. Die Intensität müssen Sie der Situation und dem Charakter Ihres Hundes anpassen. Sie haben nur diesen einen Versuch. Bei einem etwas zögerlichen Hund, mag eine kurze, leichte Berührung genügen, beim sexuell erregten Rüden, der gerade eine Hündin besteigen will, sollten Sie ihn schon beherzt angehen, um überhaupt noch wahrgenommen zu werden, bevor es zu spät ist. Mit der flachen Außenseite der Hand besteht niemals die Gefahr, den Hund zu verletzen. Es geht niemals um Bestrafung, sondern um ein kurzes Einwirken zur Rückgewinnung der Aufmerksamkeit des Hundes.

Wehret den Anfängen

Ihre Chance, mit diesem kurzen körperlichen Einfluss erfolgreich zu sein, hängt gewaltig von Ihrer Reaktionszeit ab. Greifen Sie bereits ein, wenn Ihr Hund das Objekt der Begierde erst mental in den Fokus genommen hat, also bisher nur geistig auf Abwegen wandelt und noch nicht gestartet ist. Prallt Ihr klares NEIN von ihm ab, sollten Sie direkt, im wahrsten Sinne des Wortes, eingreifen. In diesem Stadium wird er sofort positiv reagieren. Je länger es dauert, bis Sie aktiv werden, desto schlechter sind Ihre Chancen, das negative Verhalten im Keim zu ersticken.

Beispiel: Leinenrambo

Kommt Ihnen ein Hund entgegen und Ihr Vierbeiner stellt schon die Haare auf, sollten Sie ihn unverzüglich angehen. Warten Sie nicht, bis der »Gegner« so nah herangekommen ist, dass Ihr Leinenpöbler aktiv wird. Unterbinden Sie bereits den geistigen Ansatz dazu.

Beispiel: Der Hamburger

Ihr Vierbeiner läuft entspannt neben Ihnen, schnüffelt im Gras, hält kurz inne und starrt gebannt in eine Richtung. Schon diese Anzeichen alleine, sollten Ihre Alarmglocken läuten lassen. In Ihrem Kopf muss sich automatisch die Frage stellen: »Für was interessiert er sich? Ein Reh, ein noch nicht sichtbarer Artgenosse oder …?«
Sie bemerken, dass zwei Meter weiter ein vergammelter Hamburger liegt. Ihnen ist bewusst, dass Ihr Hund verfressen ist und so gut wie nichts widerstehen kann.
Auf ein bestimmtes NEIN, das Ihr Hund überhört, sollten zwei schnelle Schritte und ein leichtes Aufmerksam-Machen an seiner Seite genügen, den Hund vom Fressen abzuhalten.

Beispiel Mobbing

Sie sind mit einer Gruppe Menschen und ihren Hunden unterwegs. Ihr Rüde bedrängt permanent eine Hündin, die es selbst nicht schafft, ihn abzuwehren. Passen Sie ganz gezielt den nächsten Moment ab, wenn Ihr Vierbeiner gerade wieder ansetzt und geben Sie ihm noch bevor er dazukommt, einen leichten Klaps.
Damit zeigen Sie dem nun aus seinem Vorhaben gerissenen Rüden, dass Sie als Rudelführer das nicht akzeptieren. Da der Hund vorher schon einige Male erfolgreich die Hündin bedrängte, reicht kein zurückhaltendes Berühren. Er muss von seinem Vorhaben schon ganz klar abgehalten werden, soll dies sein Verhalten endgültig unterbinden und nicht nur für eine Pause sorgen. Lieber einmal klar und unmissverständlich, aber effizient, als zu schwach und damit erfolglos. Zu zögerliches Eingreifen wird vom Hund nicht ernst genommen und bedeutet im Grunde, dass er an Ihrer Kompetenz zweifeln kann.

Ruhig, eindeutig, effizient

Jede Maßregelung, jede Begrenzung ob nur verbal oder körperlich sollte ruhig, bestimmt und eindeutig erfolgen. Zeigen Sie klare Kante, dann wirkt Ihre Korrektur nachhaltig. Stetiges Gezeter und wiederholtes Eingreifen sind sinnlos und lassen Sie in den Augen Ihres Hundes zum zahnlosen Tiger werden.

Hundesprache
– facettenreich und unverfälscht

Hunde sind wie Bücher. Man muss nur in ihnen
lesen können, dann kann man viel lernen.

Oliver Jobes

Körperbetont

Die Ausdrucksweise des Hundes setzt den Schwerpunkt ganz klar auf Körpersprache, wird jedoch manchmal von verschiedenen Lauten unterstützt.

Auch ohne den Trichter sieht man dem Hund an, dass er sich unwohl fühlt; Ohren zurückgezogen, eingeknickte Beine, hängende Rute usw.

Körpersprache

Jede Faser des Körpers eines Hundes spricht, macht sein Befinden und seine aktuellen Ziele bildhaft, stellt Ansprüche zur Schau oder bringt Souveränität, Respekt oder auch Ängste durch Zurücknahme von Auffälligkeiten zum Ausdruck.

Aufrechte Haltung, hoch getragene Rute, nach vorn aufgestellte Ohren und aufgeplustertes Fell wirken nicht nur imposant, sondern sollen dem Gegenüber ganz klar verdeutlichen, dass hier eine gewisse Vormachtstellung ihm gegenüber beansprucht wird. Der eingeklemmte Schwanz, angelegte Ohren, eingeknickte Beine und devotes Lecken dagegen sind Beschwichtigungssignale, die Bereitwilligkeit zur Unterwerfung signalisieren.

Trotzdem müssen wir uns hüten, einzelne Körperpartien getrennt zur Beurteilung heranzuziehen. Immer muss der ganze Körper situationsbedingt betrachtet werden. Die wedelnde Rute zeigt nicht unbedingt Freude, sondern in erster Linie Erregung, sei es positiver oder negativer Art. Angelegte Ohren müssen keineswegs Angst bedeuten, sondern zeigen oft dem Gegenüber auch freundliche Achtung. Das Ausweichen des Blickes kann Beschwichtigung bedeuten oder auch von einem souveränen Hund die Zusage, aktuell keinerlei Ansprüche stellen zu wollen.

Auf den ersten Blick scheinbar aggressiv, handelt es sich in Wahrheit um ritualisiertes Spielverhalten.

Der Riese ist hier der Unsichere und hält deshalb einfach still, während der Kleinere sich herausnimmt, den Großen zu beschnüffeln.

Ganzheitlich betrachten

Körpersprache setzt sich immer aus verschiedenen Komponenten zusammen. Das ist bei uns Menschen nicht anders. Der zum Lachen geformte Mund kann beispielsweise Erleichterung, Freude, Zuneigung, aber auch Spott oder Ironie bedeuten. Erst im Kontext ist eine Einstufung möglich. Beobachtet man Hunde beim ausgelassenen Spiel, scheint auf den ersten Blick häufig ein gehöriges Maß an Aggressivität im Spiel zu sein, was manchen Zeitgenossen darin bestärkt, dass Hunde generell als Gefahr anzusehen sind, obwohl in Wahrheit nur ritualisiertes Spielverhalten vorliegt.

Napoleon-Effekt

Es ist die Körpersprache, die darüber Auskunft erteilt, wie sich der einzelne Hund selbst einstuft und dies seinem Gegenüber vermittelt; dies vollkommen unabhängig von der Größe des Tieres. So kann ein selbstbewusster West Highland Terrier gegenüber einem Leonberger sehr wohl Ansprüche demonstrieren und dieser dies möglicherweise sogar akzeptieren, da es seinem ausgeglichenen Charakter entspricht. Umgekehrt kann natürlich auch mal ein fordernder Chihuahua entweder unbeachtet ins Leere laufen, weil ihn sein Gegenüber überhaupt nicht ernst nimmt oder eben auf Widerstand stoßen.

Selbsteinschätzung

Prinzipiell sollten wir uns davon verabschieden, dem Rang von Hunden untereinander eine Bewertung zukommen zu lassen. Nicht jeder Hund strebt das obere Ende an. Sie suchen innerhalb der Gemeinschaft ihren Platz, ihrem Naturell, ihrer Tagesform und ihrer aktuellen Stimmung entsprechend und fühlen sich damit meist wohl. Man kann oft sehr souveräne Hunde beobachten, die gerade keinerlei Ansprüche demonstrieren, sondern ausgelassen toben, alles andere aber gerne den Kollegen überlassen. Auch kann ein Hund, ansonsten äußerst zurückhaltend, sich für einen Ball massiv ins Zeug legen.

Lautäußerungen

Das Spektrum an hündischen Lauten hat sich aufgrund der Anpassung an den sprechenden Menschen im Vergleich zum Wolf erweitert und zeigt beispielsweise neben dem Jaulen auch Fiepen, Brummen, Knurren und Bellen und ganz individuell noch manch anderes kurioses Geräusch. Es ist problematisch, die verschiedenen Ausdrucksformen generell bestimmten Zielen und Stimmungen zuzuordnen.

Doch wer unter Miteinbeziehung der Körpersprache genau hinhört, kann mit der Zeit ganz klar sagen, ob der eigene Vierbeiner Trennungsängste anzeigt, oder schlichtweg seiner Verärgerung, nicht mitgenommen worden zu sein, Ausdruck verleiht, ob hinter dem Brummen ein Wohlfühlgeräusch steckt oder ob es eine latente Drohung darstellt.

Auch bei Hunden gibt es Lautäußerungen wie Jaulen, Brummen, Knurren, Fiepen und Ähnliches.

Beobachtung

Es gibt nur eine einzige Möglichkeit, die Sprache unserer Hunde zu verstehen: Wir müssen die Vierbeiner beobachten, ihre Mimik, ihre Körperhaltung, ihren Gang regelrecht studieren.

Grob betrachtet

Ohren, Augen, Nase, Maul, Fell und Gliedmaßen bieten uns gute Einblicke. Haltung und Art der Bewegung modifizieren das Ganze.
Sich Großmachen steht insgesamt für Auffallen, jedoch in einer Bandbreite von nur beeindrucken wollen bis bedrohen, sich klein machen von »Entspann' Dich, ich bin harmlos.« bis »Das macht mir Angst, ich würde am liebsten im Boden versinken.«

Die Einzelzeichen sind immer im Kontext zu betrachten. Gerade durch den menschlichen Eingriff bei der Zucht, wurden ursprünglich eindeutige Zeichen verkümmert oder deren Wirkung verzerrt oder können gar zu Missverständnissen führen. Die rassetypischen Stirnfalten eines Ridgebacks können schon mal irrtümlich bedrohlich empfunden werden, ebenso der starre Blick des Border Collies beim Fixieren. Der Chow Chow trägt seine Rute immer hoch, mancher Windhund immer tief.

Groß

Je größer sich der Hund macht, desto eher möchte er beeindrucken, wobei hierdurch eben noch nicht feststeht, ob dies nur zum Imponieren gedacht ist, oder tatsächlich eine Drohung beziehungsweise Kampfansage bedeutet; ob der Rüde nur eine Hundedame auf sich aufmerksam machen möchte, oder einem potenten Rüden verdeutlichen will, dass er die Dame für sich beansprucht. Beeindruckender wirkt man beispielsweise mit aufgestellten Ohren, aufgeplustertem Fell und durchgedrückten Beinen. Kräuselt man jedoch dann auch noch die Nase, legt die Zähne unter

Der Kleine hält sich für einen »tollen Hecht«, zeigt ganz offensichtlich mit seiner imponierenden Ausstrahlung seine Ansprüche.

einer kurzen Maulspalte frei, sucht starr Blickkontakt, trägt die Rute hocherhoben, wedelt damit nur ganz langsam und angespannt und bewegt sich steif, liegt eine Drohung vor und damit eine mögliche Kampfansage in der Luft.

Klein

Je kleiner sich der Hund macht, desto eher möchte er in den Hintergrund treten, wobei Kleinmachen allein noch nicht klarstellt, ob er nur zum Ausdruck bringen möchte, dass er aktuell keinerlei Ansprüche hat und somit seinem Gegenüber signalisiert, sich entspannen zu dürfen, oder ob er sich bewusst zurücknimmt, um möglichen Angreifern kein Ziel zu bieten.

Im ersten Fall würde der Vierbeiner die Ohren zurücknehmen, den Blick an der Seite vorbeiführen, weiche Bewegungen zeigen. Damit signalisiert er dem Gegenüber eine gewisse Gelassenheit. Will der Hund nur untertauchen, etwaigen Drohungen aus dem Weg gehen, wird er die Rute zwischen den Hinterläufen einklemmen, die Beine einknicken, die Ohren zurücknehmen

Der helle Hund im Vordergrund zeigt trotz seiner Größe eindeutig, dass er sich selbst niedrig einstuft.

und möglicherweise die Zähne in einer tiefen Maulspalte freilegen. Eine devote Steigerung wäre dann das Ablegen auf dem Rücken, damit die Freigabe des Bauches, also die Preisgabe schützenswerter Körperteile, eventuell noch betont durch Urinieren.

Entspannt oder angespannt

Je weicher die Bewegungen, desto relaxter ist der Hund, desto weniger ist mit Konflikten zu rechnen. Ist der Gang steif, wirkt alles bewusst und demonstrativ, kann die Stimmung umschlagen.

Erfahrungen sammeln

Wenn wir auch Vieles an der Körpersprache ganz intuitiv verstehen, bedarf es bei der wirklich treffsicheren Einordnung der Körpersignale genauer Beobachtung. Erst mit der Zeit erkennen wir hündische Muster, sowie individuelle Eigenheiten. Das Nachlesen von Beschreibungen kann eigene Beobachtungen und die daraus entwickelten Erfahrungen durchaus unterstützen, nicht aber ersetzen.

Wir Menschen unterschiedlichster Charaktere tun uns manchmal schwer, nicht alles kontrollieren zu können, greifen in Erwartung von Konflikten vorschnell ein und verzerren oder verändern damit das hündische Normalverhalten. Wieder ist es die Stimmungsübertragung, durch die wir unbeabsichtigt unserem Hund signalisieren, dass etwas problematisch werden könnte. Und schon ist es passiert: Der Vierbeiner geht im Vertrauen auf die Einschätzung seines Menschen in Habachtstellung und zeigt damit den anderen Hunden wiederum eine Anspannung, die als Aggressionsbereitschaft interpretiert werden kann.

So schlage ich den weniger Coolen unter Ihnen vor, die Beobachtung stufenweise anzugehen.

Stufe 1

Machen Sie sich alleine, ohne Ihren Vierbeiner, auf den Weg in ein Freilaufgelände für Hunde oder etwas Vergleichbarem, wie einen bekannten Treffpunkt für Hunde zum Spielen. Aufgrund der Tatsache, dass Sie dort ohne eigenen Hund keinerlei Verantwortung übernehmen müssen, können Sie emotional neutral bleiben und entspannt anderer Leute Hunde beobachten.

Sie werden erkennen, dass sehr oft Zähne gezeigt werden, ohne dass auch nur das Geringste passiert. Damit sammeln Sie schon viele Erfahrungen, die es Ihnen später ermöglichen, nicht so schnell überzureagieren.

Stufe 2

Nun nehmen Sie Ihren eigenen Vierbeiner mit zu ihm bekannten Hunden. Lernen Sie ihn lesen, indem Sie ihn genau studieren. Dabei beginnen Sie am besten damit, das Spiel Ihres Hundes mit ihm bekannten Artgenossen zu betrachten. Prägen Sie sich seine Körpersprache ein, um mit der Zeit daran ablesen zu können, was in Ihrem Vierbeiner vorgeht. Da Sie dieser Situation mit gewohnten Partnern gelassen gegenüberstehen können, besteht kaum Gefahr, dass eventuelle Ängste ihrerseits, sich auf Ihren Hund übertragen und damit sein normales Verhalten ungünstig beeinflussen könnten. Da Sie nun schon aus Stufe 1 Erfahrungen mitbringen, sollte es Ihnen auch mit eigenem Hund gelingen, als Beobachter entspannt zu bleiben.

Stufe 3

Jetzt sollten Sie bereit sein, Ihren Vierbeiner auch mit fremden Hunden zusammenzubringen ohne zu viel eigene Ängste mit einfließen zu lassen. Sie können inzwischen seine Körpersprache ganz gut beurteilen und damit das Risiko echter Gefahr erkennen.

Es ist unglaublich spannend, bewusst miterleben und verstehen zu können, wie sich Hunde überschäumend, vorsichtig oder respektvoll Artgenossen annähern, abtasten, ob dies vom Gegenüber angenommen wird und Vieles mehr.

Schnell wissen Sie die Zeichen Ihres Vierbeiners zu deuten, erkennen ob sich im fremden Hund ein neuer Freund gefunden hat, oder ob Ihr Hund es für strategisch sinnvoller hält, dem Gegenüber aus dem Weg zu gehen oder dieser von ihm als vollkommen uninteressant bewertet wird.

In Auslaufgebieten kann man das Interagieren der Hunde gut beobachten.

Der Welpe dreht mit angelegten Ohren ab, da ihm der Weimaraner klar vermittelte, er müsse sich respektvoller annähern.

Hunde kommen sich in der Regel sehr respektvoll näher. Sie werden feststellen, dass die wenigsten frontal aufeinander zurennen. Man nähert sich, bremst ab, blickt sich nicht direkt an und läuft etwas seitlich vorbei. Wir Menschen fallen ja auch nicht mit der Tür ins Haus. Mit der Zeit kristallisieren sich bestimmte Muster heraus, die es Ihnen künftig ermöglichen, Hunde einigermaßen lesen und damit Konflikte vermeiden zu können.

Unerwünschtes Verhalten
– logisch angehen

Für einen Menschen ist individuelle Freiheit der größte Segen,
für einen Hund wäre sie Hoffnungslosigkeit.

William Lyon Phelps

Analyse

Echtes Problemverhalten basiert auf traumatischen Erlebnissen oder ist Folge gesundheitlicher Schwierigkeiten. Es würde den Rahmen einen Erziehungsbuches sprengen, auf solches seriös einzugehen.

In den meisten Fällen geht es nur um auffälliges Verhalten, das uns und/oder unseren Hunden Probleme bereitet und durch gezieltes Vorgehen abgebaut werden kann.

In den vorangegangenen Kapiteln wurde schon erklärt, warum Sie als Hundehalter durch Ihr Auftreten und Verhalten dem Hund einen schützenden und leitenden Rahmen in seinem Leben bieten sollten. Damit werden sich die meisten Auffälligkeiten sowieso schon bald verflüchtigt haben. Wenn nicht, müssen Sie genau überlegen, wann und wie das unerwünschte Verhalten auftritt und ob sich der Auslöser oder gar der Hintergrund erkennen lässt, was leider nicht immer der Fall ist.

Menschliche Scheuklappen
Es fällt schwer, sich selbst einzugestehen, dass etwas schiefläuft. Eng verbunden mit unserem hündischen Gefährten, suchen wir nach Erklärungen. Wenn wir ehrlich sind, sogar nach Rechtfertigungen, warum sich unser bester Freund, ansonsten ein so liebenswertes Geschöpf, derart unangebracht verhält. Das ist nur zu verstehen, aber wenig hilfreich.
Lebenslang einen Missstand bestehen zu lassen und allseits zu erklären, dass sich der Vierbeiner nur deshalb so schlecht benimmt, weil er Opfer eines negativen Erlebnisses wurde, bringt Sie und Ihren Hund nicht weiter. Wenn Sie es leid sind, bestimmten Situationen hilflos aus dem Weg zu gehen, werden Sie tätig.
Mit dem bewussten Angehen eines Fehlverhaltens attestieren wir unserem Hund keineswegs einen schlechten Charakter. Es geht einzig um die objektive Sachlage eines unerwünschten Verhaltens, die geklärt werden sollte; mehr nicht.

Belastung auf beiden Seiten
Auch muss uns klar sein, dass die meisten negativen Verhaltensweisen nicht nur von uns Menschen als problematisch empfunden werden, sondern auch der Vierbeiner darunter leidet, die Belastung somit meist beidseitig besteht.

Fehleinschätzungen
Der auf den ersten Blick hyperaktive Hund ist womöglich getrieben von seiner eigenen inneren Unruhe. Der äußerst brave, distanzierte, zurückgezogene Vierbeiner, nur in den abgelegensten Ecken des Hauses zu finden, ist in seiner Angst völlig gefangen. Der an der Leine keifende Rüde ist in Wahrheit überhaupt nicht stark, blufft jedoch mit nur augenscheinlich aggressivem Verhalten, um sich potentielle Angreifer vom Leib zu halten.
So schwer es uns fällt: Wir müssen versuchen, objektiv das Verhalten zu hinterfragen und die Stress beladenen Situationen bewusst neu gestalten, um ein Umdenken beim Hund in Gang zu setzen.

Frei Haus geliefert

Manches Problem wäre vorhersehbar gewesen, sei es durch die Wahl der Rasse oder durch die Übernahme eines Hundes mit sogenannten »Eigenarten«. In diesen Fällen stellt sich ein Problem meist von Anfang an oder entwickelt sich relativ schnell.

Mangelnde Auslastung

Sich einen Jagdhund, am besten aus einer Arbeitslinie, zuzulegen und zu erwarten, dass er mit viel Liebe und Gassigehen allein zum entspannten Familienmitglied avanciert, ist leider sehr blauäugig. Das gleiche gilt für den Hütehund, der mangels artgerechtem Einsatz nun penetrant versucht, die Kinder der Familie oder die Blätter auf dem Weg zusammenzutreiben.

Plan B

Hat man sich also vom Aussehen einer Rasse einnehmen lassen und sich im Vorfeld zu wenig Gedanken darüber gemacht, ob man den Bedürfnissen dieses Spezialisten nachkommen kann, muss man umdenken. Entweder man gibt den Hund in passende Hände, was nicht nur für den Hund ein einschneidendes und belastendes Erlebnis bedeutet, sondern auch den

Ein Jagdhund, der nicht jagen darf, braucht eine Alternative. Hier ist Nasenarbeit besonders wichtig.

meisten von uns unheimlich schwerfallen wird, denn der Vierbeiner ist uns inzwischen ja ans Herz gewachsen, oder man sucht nach einer Ersatzbeschäftigung, die dem Hund und seinen spezifischen Fähigkeiten und Bedürfnissen entgegenkommt.

Außer Frage steht jedoch, dass solche Hunde beschäftigt werden müssen, sollen Sie nicht zur tickenden Zeitbombe werden. Man muss sich ganz bewusst und ehrlich die Frage stellen, ob man bereit ist, den Hund körperlich und mental viele Jahre auszulasten. Ansonsten bleibt, so schlimm es für beide Seiten sein mag, im Interesse des Hundes wirklich nur die Abgabe, nach dem Motto: Besser ein Ende mit Schrecken als ein Schrecken ohne Ende. Auf verschiedene Möglichkeiten der artgerechten Beschäftigung gehen wir noch gezielt ein.

Altlasten

Manchmal übernehmen wir auch einen Hund, der schon gewisse Eigenarten mitbringt. Wenn Sie bereit sind, logisch und ambitioniert ein neues Kapitel seines Lebens aufzuschlagen, sind Ihre Chancen sehr gut, erfolgreich zu sein. Ein Wechsel zum neuen Menschen ist für den Hund eine wirklich große Sache, entzieht ihm sein gewohntes Umfeld. Das schafft auch eine gewisse Unsicherheit, die dazu führt, dass der Vierbeiner sich nach Führung sehnt und kompetente Hilfe, wenn sie ihm denn gegeben wird, gerne annimmt.

Bieten Sie Ihrem Neuzugang klare, eindeutige Unterstützung, wie es in den vorherigen Kapiteln beschrieben wurde: nach kurzfristigem Widerstand aufgrund des bisher anders Gewohnten wird Ihr Vierbeiner sich gerne an Ihnen orientieren. Gerade ein bereits festgefahrenes Verhalten braucht den klaren Neuanfang. Verdrängen Sie Ihre eigene Erwartungshaltung, wie sich der Hund üblicherweise nun benehmen würde und gehen Sie ganz zielstrebig, doch mit vorerst ausreichendem geographischem Abstand an die vorher gefürchtete Situation heran. In Ihrem Kopf muss die Zuversicht bestehen, dass Sie persönlich der Lage Herr sind. Jedes Zögern vermittelt Ihrem Vierbeiner, dass auch Sie die bevorstehende Szene als nicht normal bewerten.

Der ängstliche Hund

Das Gleiche gilt für den sensiblen, angsterfüllten Hund. Er braucht eine ganz klare Linie seines Menschen. Hier müssen Sie, auch wenn es Ihnen noch so schwerfällt, äußerst präzise vorgehen und unbedingt auf die korrekte Durchführung von Signalen bestehen. Es geht nicht um Vorherrschaft, sondern darum, Ihrem Vierbeiner wissen zu lassen, dass Sie alles im Griff haben, er sich voll und ganz auf Sie verlassen und sich entspannen kann.

Natürlich sollten die für Ihren Hund bisher Angst auslösenden Reize nur sehr, sehr vorsichtig dosiert in Angriff genommen werden. Zuerst nur aus weiter Entfernung, pirscht man sich in vielen Übungsschritten immer näher heran. Der Hund darf nicht in Panik geraten, denn in diesem Zustand ist er nicht mehr fähig dazuzulernen, sondern völlig blockiert. Den Objekten der Angst wird sich schrittweise nur so weit genähert, wie der Hund sie noch einigermaßen entspannt erträgt, nicht total außer sich gerät. Dann, mit viel Übung, lässt sich mit der Zeit die Distanz zur vermeintlichen Gefahr reduzieren und der Angstpegel herunterfahren.

Gut gemeint, aber ...

Einer meiner verstorbenen Hunde, traumatisiert aus dem Tierschutz, hatte zu Beginn vor jedem Hund Angst, selbst vor Welpen. Eine Ausbilderin riet mir damals, wenn ein Hund auf uns zukomme, solle ich beispielsweise den Waldweg verlassen und einen weiten Bogen mit meinem Vierbeiner um die drohende Gefahr herum, durch den Wald wählen. Schon damals hatte ich größte Zweifel an diesem Rat. Das würde vielleicht in der

Ausweichen kann einem unsicheren Hund irrtümlich vermitteln, sein Mensch teile seine Ansicht, dass man der »Gefahr« besser aus dem Weg gehen solle.

aktuellen Situation den Hund an unangebrachten Reaktionen hindern, nicht aber das Problem lösen. Vielmehr würde dieses Vorgehen meinem Tier vermitteln, dass selbst ich erkennen würde, dass es besser sei, jedem Hund aus dem Weg zu gehen. Damit hätte ich seine Angst explizit bestätigt.

Behutsam die mentale Belastung des Hundes steigern, bringt uns ans Ziel, einem Problem einfach ausweichen, sicher nicht.

Rassetypisch?

Natürlich haben bestimmte Rassen ihre Besonderheiten, schließlich wurden sie dafür gezüchtet. Wie schon erwähnt, spielt dies gerade bei der Auslastung des Hundes eine nicht zu unterschätzende Rolle. Ein Hütehund will hüten, ein Jagdhund jagen. Hier muss nötigenfalls ein Ersatzangebot gefunden werden.

Negatives Verhalten jedoch einfach kurzerhand der Rasse zuzuschreiben und damit seine Hände in Unschuld zu waschen, ist kein verantwortungsvolles Verhalten.

Um einen Jagdhund im Wald ableinen zu können, muss ich sicherlich weitaus intensiver mit ihm an seiner Impulskontrolle arbeiten, als mit einem Berner Sennenhund. Um einen Hovawart davon abzuhalten sich dem Besuch in den Weg zu stellen, muss ich möglicherweise präziser klarstellen, dass das Territorium zu meinen und nicht zu seinen Ressourcen zählt, als bei einem Goldendoodle.

Die Rasse darf niemals als Entschuldigung für Fehlverhalten genutzt werden. Wir sind es unserem Hund aber auch unserem Umfeld schuldig, den Besonderheiten unseres Vierbeiners Rechnung zu tragen.

Hausgemacht

Leider haben wir oft selbst das Verhalten erst unbewusst heraufbeschworen oder verstärkt. Positiv daran: dann können wir auch ganz klar eine Änderung herbeiführen.

Ablenkung

Wir sind geneigt, Problemen aus dem Weg zu gehen, empfinden es angenehmer als die Auseinandersetzung. So wird immer wieder versucht, bei möglicherweise schwierigen Situationen den Hund abzulenken. Das ist jedoch eine Gratwanderung, oft gefolgt vom Sturz in den Abgrund, indem es eine Fehlverknüpfung auch noch festigt.

Hat beispielsweise der Hund auf ein Objekt in der Ferne schon mit leichter Erregung reagiert, bereitet sich also geistig schon darauf vor, entpuppt sich jede Art der Ablenkung als Bestätigung seiner Habachtstellung. Er ist sozusagen geistig schon unentspannt und bekommt nun ein Leckerchen oder seinen Ball, also eine Belohnung.

Kommen wir wieder auf die Lerntheorie zurück: Zeitgleichheit stellt eine Verknüpfung her. In unserem Beispiel bedeutet dies: Seine negative Vorahnung wird mit unserer positiven Zuwendung verknüpft und damit intensiviert.

Korrektur

Negatives Verhalten sollte bereits im Ansatz korrigiert werden. Ihr Hund muss klar erkennen, dass Sie es nicht akzeptieren. Je früher Sie eingreifen, desto erfolgreicher. Wenn Sie schon bemerken, wie Ihr Vierbeiner sich anzuspannen beginnt, also geistig hochfährt, ist es an der Zeit einzuschreiten. Ist er schon völlig in Rage, erreichen Sie ihn kaum noch ohne ganz massiv werden zu müssen. Letzteres würde möglicherweise einen körperlichen Einsatz bedingen, den die wenigsten von uns beherrschen und der somit leicht schiefgehen kann.

Habe ich erkannt, dass mein Vierbeiner auf den Hund am Nachbargrundstück negativ reagiert und versuche ihn dabei mit einem Leckerchen abzulenken, unterstütze ich unbewusst sogar sein unerwünschtes Verhalten. Fatal, denn der Vierbeiner kann zum einen nicht erkennen, dass ich sein Ausrasten für unangebracht halte, zum anderen erhält er zeitgleich mit seinem Verhalten Zuwendung in Form des Leckerchens. Es kommt zu einer Verknüpfung wie beispielsweise: aggressives Verhalten bringt positive Bestätigung.

Schon wenn Sie in unserem Beispiel mehrere Meter vor dem Zaun merken, dass sich Ihr Vierbeiner anspannt, ist es angebracht, ihn mit zwei Fingern an der Seite kurz aber bestimmt anzustoßen und ein klares NEIN auszusprechen. Damit holen Sie ihn aus seinem Tunnel der Aggressionsbereitschaft heraus. Um in dieser Situation nicht die Kontrolle zu verlieren, sollten Sie zu Beginn beim strammen Vorbeigehen einen größeren Abstand zum Nachbarhund wählen und sich in den nächsten Tagen schrittweise parallel annähern.

Zugeständnisse

An anderer Stelle kamen wir schon einmal darauf zu sprechen, dass es noch nichts über die Qualität der Erziehung aussagt, wenn ich meinem Hund gewisse Privilegien einräume. Der Hund im Bett oder auf der Couch ist prinzipiell noch kein Fehler in der Erziehung.

Jedoch kommt es darauf an, ob an sich Ihre Mensch/Hund-Beziehung einwandfrei funktioniert. Ist das aktuell nicht oder noch nicht der Fall, sollten Sie mit manchen Dingen vorsichtig sein.

So gelassen und entspannt sollte es aussehen, wenn Sie mit Ihrem Vierbeiner unterwegs sind. Begegnet Ihnen ein unbekannter Hund, ist es ratsam, den eigenen an der Reiz fernen Seite zu führen, weiß man doch nicht, ob der fremde Hund gelernt hat, andere nicht zu behelligen.

Das am Eingang positionierte Körbchen vermittelt einem Hund, der noch nicht durchgängig die Führungsrolle seines Menschen akzeptiert, er solle den Zugang zum Territorium der Familie überwachen. Das gibt ihm eine wichtige Stellung, die dem einen oder anderen Hund zu Kopf steigen kann.

Neue Spielregeln
Die strategische Position muss ihm genommen werden, denn unter Umständen baut der Hund die unbeabsichtigt erteilte Rolle aus, meint jegliche Besucher sogar maßregeln zu dürfen. Bei noch aufmüpfigen Vierbeinern sollten Sie erhöhte oder exponierte Plätze tatsächlich für sich beanspruchen und damit dem Vierbeiner zu erkennen geben, dass Sie über die Ressourcen verfügen. Situationsbezogen können Sie ihm natürlich einen solchen Platz mal zugestehen. Erkennen Sie aber auch nur den kleinsten Widerstand, wenn Sie ihn davon abrufen, ist es an der Zeit, ihm diese Plätze systematisch zu verweigern. Auch das Vorangehen an strategischen Stellen, sollte dann Ihnen vorbehalten bleiben.

Das leidige Thema Leinenführigkeit

Unter Leinenführigkeit versteht man das entspannte Nebeneinandergehen von Mensch und angeleintem Hund mit durchhängender Leine. Für viele Hundehalter ist dies ein Traum, der unerreichbar scheint. Der Hund, draußen von Vielem fasziniert, möchte möglichst schnell vorwärtskommen oder etwas Interessantes erreichen und beginnt kräftig zu ziehen. Haben Sie Ihre Position dem Hund gegenüber inzwischen klargestellt, wird er sich voraussichtlich sowieso an Ihren Wünschen orientieren, wenn doch noch nicht, müssen Sie sich die Mühe machen, intensiv zu trainieren. Sie werden dafür belohnt werden.

Das ewige Gezerre

Naturgemäß ist unser Gehen für einen gesunden Hund alles andere als zügig. Beginnt der Hund nun kräftig an der Leine zu ziehen und wir geben auch nur etwas nach, kommt er dadurch auch noch schneller an sein Ziel, ist also mit diesem Verhalten erfolgreich.

Wenn Sie es zulassen, sei es auch nur von Zeit zu Zeit, dass Ihr Vierbeiner das Tempo eigenmächtig anzieht, bestätigen Sie ihn unbewusst aber leider folgenschwer in seinem Tun. Der Leinenzug ist jedoch nicht nur unangenehm, sondern kann schnell zu wirklich bedeutenden gesundheitlichen Problemen auf beiden Seiten führen.

Geduldig stehen bleiben, solange der Hund zieht.

Gefragt: Ihr langer Atem

Dem Vierbeiner beizubringen, locker neben Ihnen herzugehen, bedeutet für Sie eine echte Geduldsprobe, ist aber auch die einzige Möglichkeit zum Ziel zu gelangen.

Es gibt verschiedene Wege dieses zu erreichen. Sie müssen dem Hund vermitteln, dass Ziehen niemals zum Erfolg führt, also jeden Versuch im Keim ersticken, sei es durch Stehenbleiben oder einen sofortigen Richtungswechsel.

Da er mit dem Ziehen nicht vorankommt, lenkt er ein und wendet sich seiner Hundeführerin zu. Nun positiv bestätigen!

Training

Nachdem Sie das Nebeneinandergehen mit dem bereits aufgebauten Signal von Ihrem Hund eingefordert haben, sollten Sie seine Aufmerksamkeit fesseln, indem Sie extrem oft die Richtung wechseln; vorwärts, 180-Grad-Wende, dann mal abbiegen usw. Betonen Sie das auch noch körpersprachlich, indem Sie Ihren Oberkörper demonstrativ bei jedem Richtungswechsel passend eindrehen. Damit macht es Ihrem Hund eher Spaß mitzumachen und gleichzeitig etabliert sich das gemeinsame Gehen ohne Zug auf der Leine.

Wenn dies gut klappt, sollten Sie sporadisch auch einmal längere Phasen in eine Richtung gehen. Sofort, wirklich unmittelbar, wenn der Hund schneller wird als Sie, wechseln Sie die Richtung; sozusagen auf dem Absatz kehrt oder abbiegen. Schnell merkt der Hund, dass es wesentlich angenehmer ist, mit Ihnen mitzugehen.

Wichtig: Solange das Signal von Ihnen nicht aufgelöst wurde, müssen Sie jedes Vorpreschen Ihres Hundes mit einem Richtungswechsel quittieren. Sie erinnern sich: »Glücksspiel macht süchtig.« Ein seltener Erfolg spornt an.
Die Effektivität ist von Ihrem Durchstehvermögen abhängig. Nehmen Sie sich für das Training Zeit und planen Sie keine bestimmte Strecke ein. Oft ist man durch den zu Beginn ständigen Richtungswechsel lange unterwegs, ohne wirklich irgendwo gewesen zu sein.

Gutes Management

Da man mit diesem dauernden Richtungswechsel kaum vom Fleck kommt, sollten Sie bis die Leinenführigkeit sitzt, wenn Sie es eilig haben, auf das Signal zum Nebeneinandergehen verzichten. Sie würden damit das Training zur Leinenführigkeit selbst boykottieren, denn Sie wären, wenn nötig, nicht imstande, den Hund ausnahmslos zu korrigieren.

Alleinbleiben

Ein oft sehr belastendes Thema ist das Alleinbleiben des Hundes. Natürlich ist ein Rudeltier von der Gemeinschaft abhängig und für ein Einzelleben nicht bestimmt. Doch kann der Hund durchaus mit einiger Übung eine gewisse Zeit alleine bleiben.

Schlechtes Gewissen

Zuerst einmal ist es von allergrößter Bedeutung, dass Sie selbst Ihr schlechtes Gewissen, den Hund alleine zurücklassen zu müssen, ablegen. Auch wir Menschen leben nicht im Schlaraffenland, sind gewissen Zwängen des Alltags unterworfen. Das praktische Leben muss gestaltet werden. Gut eingewöhnt ist das aber auch absolut kein Problem.
Wenn Sie selbst nicht davon überzeugt sind, dass es dem Hund zuzumuten ist, einige Zeit alleine zu bleiben, spürt Ihr Hund das und wird definitiv auch problematisch reagieren.

Ruhebedarf

Hunde haben ein äußerst großes Ruhebedürfnis, dem sie, zuhause allein, wunderbar nachkommen können.
Natürlich sollten Sie den Vierbeiner nicht den ganzen Tag alleine lassen, aber einige Stunden

Unerwünschtes Verhalten

Zurückgelassen kann sich Lissy nicht entspannen und wartet gestresst auf ihr Frauchen.

ist das völlig in Ordnung, zumal wenn in der gemeinsamen Zeit die Beziehung gepflegt wird.

Teil des Lebens

Verzichten Sie auf alles, was dem Hund die bevorstehende Trennung in irgendeiner Weise betonen könnte. Es geht um einen völlig normalen Zustand, der keinerlei besondere Beachtung erhalten sollte. Keine Verabschiedung, keine vorherige besondere Zuwendung, kein Trost für eine Tatsache, die zum Alltag gehören soll. Genau solche Dinge vermitteln dem Hund den Eindruck eines Ausnahmezustandes, was unbedingt vermieden werden soll.

Gestalten Sie das Zurückkommen völlig unspektakulär. Ohne Blickkontakt das Haus zu betreten, zeigt dem Hund, wie alltäglich Ihr Kommen und Gehen eigentlich ist und dass sein Bedrängen ihm keine Aufmerksamkeit verschafft.

Unerwünschtes Verhalten

Umsetzung

Wenn Sie nun also selbstbewusst hinter der Entscheidung stehen, dass der Hund auch einmal alleine bleiben muss, sollte die zeitliche Ausdehnung schrittweise eingeübt werden.

Trainingsaufbau

Gehen Sie vorher mit dem Hund Gassi, sodass er ebenso seinem Bewegungsdrang nachkommen, mentale Anregungen sammeln wie sich lösen konnte. Sie kommen völlig unaufgeregt und entspannt vom gemeinsamen Spaziergang zurück und füttern den Hund. Automatisch wird er sich damit mental herunterfahren und gerne auf seinem gewohnten Liegeplatz seine Ruheposition einnehmen.

Verlassen Sie nun den Raum und schließen hinter sich die Tür. Nach wenigen Sekunden kehren Sie zurück, wobei Sie die ganze Zeit den Hund völlig ignorieren. Sie gehen einfach und kommen einfach, kein Blickkontakt und keinerlei Aufmerksamkeit.

Generalisieren

Nun beginnen Sie die Zeit der Abwesenheit zu variieren. Bitte nicht einfach verlängern, sondern dazwischen immer wieder auch mal schneller zurückzukommen, damit der Hund keine Regelmäßigkeit erkennen und auf Ihr nun fälliges Kommen auflauern kann. Bei gänzlich unterschiedlicher Zeitspanne, wird ihm die genaue Beobachtung schnell zu anstrengend.
Im nächsten Schritt gehen Sie nicht nur durch die Zimmertür, sondern auch durch die Wohnungstür hinaus und gleich wieder zurück. Nun ziehen Sie vor dem Hinausgehen eine Jacke an, die Sie beim Zurückkommen auch wieder ausziehen. Den Autoschlüssel mitnehmen und wieder zurückhängen, eine Tasche mitführen und, und, und.

Für Ihren Vierbeiner wird Ihr Verhalten zunehmen völlig unspektakulär, ja geradezu langweilig und nach dem interessanten Spaziergang vorher ist es ihm auch zu mühsam, das Ganze zu beobachten. Nichts hält ihn mehr von seiner Ruhephase ab.

Hierdurch wird Ihre Abwesenheit für den Hund mehr und mehr zur entspannten Ruhezeit. Ganz wichtig: Auch wenn Sie dann schon mal zwei bis drei Stunden weg waren, muss das Heimkommen immer unaufgeregt erfolgen. Sie kommen genauso selbstverständlich zurück wie Sie gegangen sind; keine Begrüßung, kein Blickkontakt.

Nun hat Lissy schon gelernt, dass sie mit Bedrängen nichts erreicht und ist schon viel entspannter.

Exkurs

Unter der Lupe

Ziel verfehlt

Den schnellsten Fortschritt im Leben erreicht derjenige, der sich intensiv und beständig ohne Ablenkung mit einer Sache beschäftigt.

Christian Bischoff

Exkurs

Bestätigen

Mit Lob, Leckerchen oder einem Spiel zeigen wir unserem Hund, wenn wir mit ihm zufrieden sind, zollen ihm Anerkennung und bestätigen und fördern damit sein Verhalten. Das nennt man positiv verstärken und ist prinzipiell wunderbar geeignet, um für künftige Situationen dieser Art, die Motivation des Hundes zu steigern.

Aber: Ja, es kommt ein großes Aber, denn der Erfolg hängt ganz extrem vom Timing ab, kann sich sogar ins Gegenteil wenden.

Punktgenau ...

Lernen vollzieht sich bei Mensch und Tier in ein- und derselben Weise. Werden im Gehirn gleichzeitig verschiedene Bereiche angesprochen, kommt es zu einer Verknüpfung. Dies geschieht unwillkürlich, kann jedoch auch gezielt genutzt werden. Fordern wir unseren Hund auf, sich hinzulegen, er kommt dem zügig nach und erhält unmittelbar bei Rumpfberührung des Bodens eine Bestätigung, überträgt sich das gute Gefühl, das die Belohnung auslöst, automatisch auf das ausgeführte Verhalten, in diesem Beispiel das Ablegen. Viele Wiederholungen festigen beim Hund mit der Zeit den Eindruck, dass das eingeforderte Hinlegen wie auch die Zusammenarbeit mit seinem Menschen richtig Spaß machen.

... knapp vorbei

Kommen wir nochmals auf die Lerntheorie zurück. Eine Verknüpfung stellt sich durch die Gleichzeitigkeit ein. Damit ist wirklich ein ganz enges Zeitfenster gemeint, in dem beide Bereiche

Noch im Lob, wendet sich der Hund von Frauchen ab und dem Artgenossen zu. Das Lob verpufft somit.

Exkurs

im Gehirn angesprochen sein müssen. Es geht also darum, was zu diesem Zeitpunkt im Kopf unseres Hundes gerade abläuft.

Wieder zurück zum Beispiel: Wir fordern ein PLATZ ein und gerade als der Vierbeiner am Boden ankommt, stürmt ein Artgenosse vorbei, der die Aufmerksamkeit unseres Hundes auf sich zieht, sodass dieser ihm, offensichtlich fasziniert, nachsieht. In diesem Moment ist unser hündischer Gefährte geistig voll und ganz beim Kollegen Hund, hat keinerlei Bezug mehr sowohl zum eingeforderten Signal, als auch dem damit verbundenen Verhalten. Ein jetzt erteiltes Lob würde die ursprünglich angestrebte Verknüpfung absolut verfehlen.

... voll daneben

Gehen wir noch einen Schritt weiter. Noch während wir das Lob aussprechen, springt unser Hund auf, um dem stürmischen Vierbeiner zu folgen. Somit ist das Lob gleichzeitig zum Losrennen zu hören. Wir haben also unbeabsichtigt das eigenmächtige Wegrennen unseres Hundes auch noch bestätigt und damit für künftig vergleichbare Situationen unweigerlich gefördert.

Hier startet der Hund gerade zum Objekt der Ablenkung, sodass die Bestätigung fälschlich gleichzeitig zum Wegrennen für ihn hörbar ist.

Mittendrin statt nur dabei

Nun spielen sich diese drei Varianten in solch kurzem zeitlichen Rahmen ab, dass uns kaum genügend Reaktionszeit bleibt, nötigenfalls gegenzusteuern. Was ist zu tun?

Das Problem ist nur dadurch in den Griff zu bekommen, dass wir uns grundsätzlich eine Vorgehensweise angewöhnen, die auf der Basis hoher Konzentration auf beiden Seiten aufbaut.

Exkurs

Ganz bei der Sache

Wenn wir mit unserem Hund arbeiten, sollten wir wirklich auf ihn fokussiert sein. Es ist ein gewaltiger Unterschied, ob wir nur körperlich oder auch geistig bei unserem Hund sind. Er wird es definitiv bemerken und honorieren.

Hunde registrieren alles an uns. Sie haben uns nicht nur mit ihrem in Vergleich zum Menschen wesentlich größeren Gesichtsfeld im Blick, können jede Mimik und Geste einschätzen, sondern sind auch fähig, unseren Gemütszustand mit Hilfe ihrer Nase einzuordnen.

Unser Körper schüttet einen Cocktail biochemischer Botenstoffe aus, dessen Zusammensetzung für die bis zu 300 Millionen Riechzellen eines Hundes Bände spricht. Hunde sind absolut imstande Konzentration von Anspannung, Gelassenheit von Gleichgültigkeit und Motivation von vorgetäuschtem Interesse zu unterscheiden. Es ist für sie ein Leichtes, zu beurteilen, ob uns gerade ehrlich an der Zusammenarbeit gelegen ist oder nicht.
Sie haben Zweifel? Dann mal Hand aufs Herz: Hat Ihr Vierbeiner nicht häufig gerade dann etwas angestellt, wenn Sie sich mit jemandem unterhalten haben oder anderweitig abgelenkt waren?

Wenn, dann richtig

Es ist wichtig, etwas ausschließlich dann von unserem tierischen Gefährten einzufordern, wenn wir uns auf ihn konzentrieren können. Ist das gerade nicht möglich, müssen wir darauf verzichten. Ein nicht gegebenes Signal kann weder falsch befolgt noch ignoriert werden, stellt somit auch keine Fehlverknüpfung her.
Wann immer es unsere persönliche Situation zulässt, sollten wir jedoch unserem Vierbeiner ganz gezielt vermitteln, dass er uns wichtig ist. Wir sollten immer auf Blickkontakt unseres Hundes warten oder ihn nötigenfalls einfordern und Interesse und Ruhe ausstrahlen, denn darin erkennt ein Hund, dass wir wissen, was wir wollen und auch entschlossen sind, es nötigenfalls durchzusetzen. Damit zeigen wir Souveränität und Führungsqualität. Das beeindruckt den Vierbeiner, wird er doch von uns ins Vorhaben eingebunden, was jedes Rudeltier zu schätzen weiß. Er erkennt unsere Konzentration, spiegelt sie und lässt sich auf uns und unsere Wünsche auch mental ein. Unsere starke Präsenz zeigt ihm unsere Wertschätzung, macht ihn zum Teampartner, wodurch er weitaus weniger anfällig ist für Ablenkungen jeder Art.

Die volle Konzentration vermittelt dem Hund, dass er uns wichtig ist.

Das eingespielte Team

Erleichternd kommt hinzu, dass es mit steigender Festigkeit der Mensch/Hund-Beziehung immer weniger Signale bedarf, dem Hund zu verdeutlichen, welchen Stellenwert er in unseren Augen einnimmt, denn er ist sich dessen aufgrund unzähliger verbindender Erfahrungen dann schon bewusst.
So wird er sich mehr und mehr automatisch auf Sie konzentrieren und die Zusammenarbeit bewusst genießen und sich generell nicht mehr so leicht ablenken lassen.

Auslastung
– körperlich und mental

Mein Hund ist für mich alles andere als nur Hund – er ist vor allem treuer Lebensgefährte und so behandele ich ihn auch …

Dieter Gropp

Arbeitslos

Tätigkeiten, für die Hunde ursprünglich einmal gezüchtet wurden, gibt es kaum noch. Die wenigsten Vierbeiner haben noch eine Aufgabe. Sie müssen, besser gesagt dürfen, meist nicht hüten, nicht jagen, keine Lasten ziehen. Selbst ihre Wachsamkeit ist heute selten gern gesehen, denn in unserer dicht besiedelten Welt ist das Melden jedes potentiellen Eindringlings eher störend. Unsere Familienhunde sind arbeitslos, müssen sich nicht einmal mehr um die Nahrungsbeschaffung kümmern.

Dabei sein ist alles! Auch ein gemeinsamer Einkauf im Getümmel bringt vielerlei Anregung, wenngleich er auch stressig werden kann.

Das Markttreiben ist an der frischen Luft und bietet allerlei Reize.

Soziale Wesen

Natürlich ist für das Rudeltier Hund das Allerwichtigste, möglichst nah bei seinen Menschen zu sein. Jede zusammen verbrachte Zeit fördert die Bindung. Sicher ist auch der gemeinsame Einkauf oder Stadtbummel diesbezüglich positiv zu bewerten.

Doch möchte in einem sozialen Gefüge jedes Mitglied seinen Teil beitragen, um sich dazugehörig und eingebunden zu fühlen. Ob im Rudel oder in der Familie, ob Mensch oder Tier, man möchte gebraucht werden und aktiv das Leben mitgestalten. Jede erbrachte Leistung stärkt das Selbstbewusstsein. Wir alle wachsen daran. So bedeuten Herausforderungen, bei denen auch das Tier einen Beitrag leisten kann, Beschäftigung besonderer Qualität, denn sie verschaffen zusätzlich Erfolgserlebnisse.

Umschulung

Wir sollten es unseren tierischen Mitbewohnern nicht verwehren, ihre spezifischen Fähigkeiten einzusetzen. Wo ursprüngliche Aufgaben ihre Berechtigung verloren haben, können neue, artgerechte Anforderungen Alternativen bieten.

Körperliches Training

Ganz klar braucht ein Hund, besonders stark in jüngeren Jahren, viel Bewegung. Gelenke, Sehnen, Bänder sollten regelmäßig trainiert werden, um hoffentlich lange funktionstüchtig zu bleiben.

Gemeinsames Fitnesstraining im Freien schafft Verbindung und tut beiden gut.

Gesundheitsaspekt

Wer rastet, der roste! Das gilt für jedes Lebewesen. Deshalb braucht unser Vierbeiner reichlich Bewegung. Noch immer gibt es Hundebesitzer, die darauf hinweisen, der Hund habe einen großen Garten zur Verfügung. Völlig sinnlos! Ist der Hund dort alleine, wird er sich entweder selbst eine Aufgabe suchen und beispielsweise jeden Passanten am Gartenzaun penetrant verbellen, was weder erwünscht noch sportlich anspruchsvoll ist, oder die ereignislose Zeit seiner Natur entsprechend zum Ruhen nutzen.

Rudeltier Hund

Rudeltiere orientieren sich aneinander. Plötzlicher Gefahr muss unter Umständen spontan und gemeinschaftlich entgegengetreten werden. Das setzt voraus, dass die Mitglieder im ähnlichen Rhythmus fressen und sich ausruhen, um nötigenfalls zusammen aufbrechen zu können.

Familienhund

Hat unser Vierbeiner also keinen tierischen Kollegen, mit dem er toben kann, passt er sich völlig seinen Menschen an. Läuft gerade nichts, wird entspannt herumgelegen. Daran ändert auch ein Garten nichts, wenn nicht gerade Kinder darin fröhlich herumtollen und den Hund miteinbeziehen.

Abhängigkeit
Somit sind unsere Hunde voll und ganz auf uns angewiesen, die nötige Bewegung zu bekommen. Gemeinsame Spieleinheiten, Spaziergänge oder Fahrradtouren sorgen für körperliche Auslastung.

Fahrrad-Spezial
Von Rassen, die zum schnellen Rennen und Ziehen prädestiniert sind, einmal abgesehen, kann das Fahrradtraining leider auch zum Hamster-Rad werden. Darf der Hund beim Fahrradfahren nicht schnüffeln und ist im Rhythmus seines Menschen dazu verdammt, stur mitzuhalten, ist dies relativ eintönig.

Zudem sollte der Mensch bedenken, dass er mit reichlich Bewegung am Fahrrad seinen Hund körperlich hochtrainiert und dieser mit der Zeit ein immer größeres Pensum braucht, um müde zu werden, sodass die Schere zwischen der Kondition des Menschen und der des Hundes immer weiter auseinanderklafft.

Schwimmen hält fit und macht riesig Spaß.

Mentales Training

Besonders wichtig ist die mentale Auslastung des Hundes, denn sie schafft Entspannung und Zufriedenheit. Sie können den Hund zwanzig Kilometer am Fahrrad mitlaufen lassen. Der Bewegungsapparat wurde dann gefordert, das Gehirn nur minimal. Geistige Anregung ist Voraussetzung um einen entspannten und kooperativen Hund sein Eigen zu nennen. Auch wir kennen den Unterschied zwischen reiner körperlicher Erschöpfung und zufriedener Erholungsphase.

Verdienter Stolz

Wenn wir etwas Spannendes erlebt haben, uns intensiv anstrengen mussten, um das Ziel zu erreichen, folgt danach eine überaus positive Müdigkeit, ein Zurücklehnen in Zufriedenheit und berechtigtem Stolz.

Glauben Sie mir, genau das empfindet auch der Hund, wenn er wirklich in artgerechter Weise gefordert wurde und Erfolge verbuchen konnte. Wie viele Male konnte ich beobachten, wie die Tiere nach getaner »Arbeit« richtig aufblühten.

Moses

Mit meinem verstorbenen Hund Moses nahm ich an einem Rettungshundelehrgang im Tessin teil. Als Personenspürhund verfolgte er in den Alpen die Geruchsspur eines älteren Herren. Das Gelände war so steil und unwegsam, dass wir teils ohne Suchleine arbeiteten, um beweglicher zu sein. Als Moses eindeutige Zeichen des bevorstehenden Auffindens zeigte, verschwand er gerade über eine Kuppe kurz aus meinen Augen. Selbst folgend, empfing mich ein Bild, das ich nie vergessen werde. Vor einer kleinen Waldhütte saß der als Opfer fungierende alte Herr mit baumelnden Beinen auf den Brettern eines Hüttenvorplatzes auf Stelzen, direkt daneben Moses, die Ohren kerzengerade, das Maul leicht geöffnet sah er mir erwartungsvoll entgegen. Sie können mir glauben, man sah ihm in jeder Faser seines Körpers an, wie unheimlich stolz er auf seine Leistung war, deren Erfolg er mir nun präsentieren konnte. Ich weiß, dass ich vor Glück Tränen in den Augen hatte und bedaure noch heute, dass ich damals kein Bild von ihm neben dem alten Herrn machen konnte.

Intensive Beziehungsarbeit

Gemeinsame Herausforderungen stellen die Beziehung auf ein besonders hohes Niveau, denn sie setzen auf das Bemühen und Erringen von Erfolgen auf partnerschaftlicher Basis. Das schweißt zusammen!

Sandra erhält die volle Aufmerksamkeit ihres Rüden. Er hat großen Spaß am gemeinsamen Einüben weiterer Tricks.

Gemeinsam sind wir stark

Prinzipiell ist jedes bewusste Beschäftigen mit dem Vierbeiner positiv, denn Sie werden zum Team. Hundevereine und Hundeschulen bieten allerlei Möglichkeiten wie Turnierhundesport, Agility, Obedience, Dogdance und mehr. Darunter findet sich nicht nur eine abwechslungsreiche, gemeinsame Beschäftigung für Mensch und Tier, sondern auch reichlich Kontakt zu Gleichgesinnten. Wer es gesellig mag, kommt hier sicher auf seine Kosten.
Aber Sie können natürlich auch außerhalb von Vereinen und Hundeschulen mit Ihrem tierischen Gefährten aktiv werden.

Unterordnung

Wir Menschen setzen Unterordnungsübungen, schon aufgrund des fehlleitenden Namens, schnell mit einer Art Dressur im Sinne von devotem Exerzieren gleich.
Ich habe damit absolut gegenteilige Erfahrungen gemacht. Wie bereits ausführlich erklärt, kann das Beibringen von KOMM, SITZ, PLATZ usw. sehr positiv erfolgen. Sehen Sie darin eingeübte Tricks, die der Hund auf Abruf präsentieren darf. Gut trainierte Signale bieten dann sichere Erfolgserlebnisse, die das Selbstwertgefühl des Hundes steigern.

Stabilisierende Wirkung

Einer meiner Hunde war extremst Schilddrüsen krank. An manchen Tagen litt er trotz Tablettengabe sehr darunter, war unruhig und gestresst. Mit Unterordnungsübungen konnte ich ihn regelmäßig beruhigen. Ich forderte damit seine Konzentration und seine Mitarbeit, wohl wissend, dass er allen Anforderungen spielend nachkommen konnte. Das anschließende Lob bei jeder Übung ließ seine Welt wieder in positiverem Licht erstrahlen.

Tricks

Natürlich ist auch das Einüben beliebiger Trickübungen geistige Anregung. Hier sind kaum Grenzen gesetzt und gerade das Erarbeiten dieser Kunststückchen erfordert eine ganz intensive Zusammenarbeit.

Das Einüben von Tricks, wie die Rolle, schafft mentale Anregung und festigt die Beziehung.

Auslastung

Zerrspiele genauer betrachtet

Auch wenn man bei Zerrspielen häufig davor warnt, dass der Hund sich dabei zu stark fühlen könnte, spiegeln sie in einer bereits gefestigten Mensch/Hund-Beziehung die Leichtigkeit des Gebens und Nehmens außerhalb der Rangordnung, denn diese ist längst geklärt. Das Zulassen, Einschränken und Fordern im spielerischen Wechsel verbindet und trainiert Jagdsequenzen ohne ernst zu werden.

Haben Sie jedoch aktuell noch dahingehend Probleme, dass der Hund die von Ihnen gesetzten Grenzen manchmal austestet, sollten Sie auf Zerrspiele verzichten. Zu leicht kann aus dem Spiel dann eben doch ein ernsthafterer Versuch des Aufbegehrens werden.

Das Optimum: Nasenarbeit

Der Hund, Chihuahua oder Irischer Wolfshund, Beagle oder Boxer, Dackel oder Dobermann, erlebt sein Umfeld in erster Linie durch seine Nase. Er lebt in einer Welt der Gerüche, die er virtuos zu differenzieren vermag. Insofern treffen wir mit jeder Art von Nasenarbeit den eigentlichen Nerv des Vierbeiners.

Schöpfen Sie aus der Vielzahl der Möglichkeiten: Jede Art von Nasenarbeit kommt dem Naturell des Hundes entgegen.

Gemeinsamer Spaß

Suchen Sie unter dem breiten Angebot etwas aus, was auch zu Ihrem Leben passt, wofür auch Sie selbst sich begeistern können, dann fällt es leichter mit Freude dabeizubleiben.

Die gemeinsame Freizeitgestaltung schweißt Sie und Ihren tierischen Gefährten zusammen. Staunen Sie über seine Fähigkeiten. Er wird Sie in eine Welt entführen, die Ihnen bislang fremd war. Hier einige Vorschläge zur Anregung, in aller

Im Vergleich zum Menschen riecht der Hund eine Million mal besser.

Von allen Sinnen erlebt der Hund die Welt mit der Nase am intensivsten.

Kürze, die in Aufwand und Schwierigkeitsgrad das breite Spektrum dieser Beschäftigungsarten verdeutlichen.

Futtersuche

Die einfachste Form der Nasenarbeit ist die Futtersuche, bei der ein Säckchen mit Belohnungshappen versteckt wird.

Achtung: Man sollte darauf verzichten, Futterstückchen ohne Behältnis zu verstecken. Verteilte Leckerchen könnten dem Hund irrtümlich vermitteln, dass es erlaubt ist, nach irgendwelchem Futter zu stöbern. Da könnte der Vierbeiner neben dem Leckerchen auch mal anderweitig fündig werden; vom vergammelten Hamburger bis zum Giftköder. Durch einen Futtersack wird dem Hund ein ganz klarer Rahmen gesteckt, was genau nach unserer Vorgabe zu suchen ist.

Vorteile:

Sie können ohne fremde Hilfe überall unkompliziert mit Ihrem Vierbeiner die Futtersuche durchführen. Im Haus, im Garten, im Wald oder nur am Wegesrand. Die Trainingsumgebung ist frei wählbar und kann somit auch den körperlichen Möglichkeiten von Mensch und Tier angepasst werden, sodass beispielsweise auch der Hund mit körperlicher Einschränkung mental Anregung findet.

Gegenstandssuche

Der Unterschied zur Futtersuche besteht im Zielobjekt. Es gibt hierfür unterschiedliche Schwierigkeitsgrade und Variationen, die Sie nach Belieben nutzen können. Hier einige Möglichkeiten:

- Das Suchspiel wird mit immer dem gleichen Gegenstand oder einer einheitlichen Substanz durchgeführt (ein bestimmtes Spielzeug oder beispielsweise Teebeutel einer einmal festgelegten Sorte).

Gerade die Gegenstandssuche bietet viele Möglichkeiten, den Hund bei Krankheit oder Zeitmangel für ausgiebige Spaziergänge auch Indoor zu beschäftigen.

- Der Hund lernt mehrere Suchartikel mit passendem Signalwort zu unterscheiden und kann somit gezielt auf einen davon angesetzt werde, muss also noch unter mehreren Möglichkeiten lernen zu differenzieren.
- Bei den Verstecken kann variiert werden. Auf dem Boden, hochgehängt, eingegraben, abgedeckt: Lassen Sie sich etwas einfallen und erhalten Sie so das Interesse des Hundes auf hohem Niveau.
- Nun kann noch eine bestimmte Anzeigeform eingeübt werden, mit der der Hund den Fund seinem Menschen mitteilt. Damit kann man seinem Hund einen größeren Radius zur Verfügung stellen, innerhalb dessen er nach dem Zielobjekt stöbern darf, da er gelernt hat, seinen Menschen auch ohne gegenseitige Sichtbarkeit aktiv zu informieren.

Vorteile:
Sie finden hier sowohl für den noch unbedarften oder alten und kranken Hund, als auch für den besonders klugen Kopf verschiedene Schwierigkeitsgrade des geistigen Trainings, können beliebig und individuell die Anforderungen maßschneidern.
Auch hier sind keine Hilfspersonen vonnöten.

Flächensuche

Die Flächensuche bietet ein sehr breites Spektrum an Anwendungsmöglichkeiten. Mensch oder Suchobjekt sind in einem bestimmten Areal aufzuspüren. Der Hund stöbert selbständig, wird jedoch von seinem Menschen gezielt angeleitet, das Terrain systematisch abzusuchen, um strömungsbedingte Suchlücken auszuschließen, sodass Mensch und Hund gleichermaßen gefordert sind und durch Zusammenarbeit ans Ziel gelangen. Mangelt es an einer Versteckperson, können auch mit menschlichen Partikeln kontaminierte Gegenstände als Suchobjekte dienen.

Vorteile:
Der Schwierigkeitsgrad lässt sich schrittweise anheben und kann sogar bis zum Einsatz im Rettungshundewesen gesteigert werden. Doch auch im Privatbereich lässt sich die Flächensuche nach Belieben von leicht, unkompliziert und beiläufig beim Gassigehen bis zum gemeinsamen, anspruchsvollen Hobby mit Gleichgesinnten ausbauen. Auf dann hohem Niveau werden Mensch und Hund gleichermaßen richtig gefordert.

Nicht zu unterschätzen ist ein sehr variables Zeitmanagement, das den individuellen Möglichkeiten jeden Tag aufs Neue angepasst werden kann. Auch lernt der Hund mit zunehmendem Anspruch an den Schwierigkeitsgrad seinen Menschen aktiv über seine Erkenntnisse zu informieren, was die Bindung von Mensch und Hund ungemein verstärkt.

Fährtenarbeit

Bei der Fährtenarbeit legt eine Person auf natürlichem Untergrund eine Route zurück, die der Hund später, hauptsächlich aufgrund der entstandenen Bodenverletzungen, nacharbeitet. Dabei läuft er an langer Leine seinem Hundeführer voraus.

Wer dieser Sportart in Vereinen oder Hundeschulen nachgehen möchte, hat die Möglichkeit, sich bei Prüfungen und Wettbewerben mit anderen Teams zu messen. Dabei kommt es darauf an, wie exakt der Hund die vom Läufer beim Legen der Spur verursachten Abdrücke verfolgt. Der Hund soll nicht aus verschiedenen, ihm aktuell zur Verfügung stehenden Komponenten möglichst schnell ans Ziel gelangen, sondern beim Verfolgen der Spur durch Präzision glänzen.

Vorteile:
Es ist im Privatbereich durchaus möglich, für den eigenen Hund die Spur selbst zu legen und anschließend vom Hund verfolgen zu lassen. Somit ist eine Hilfsperson nicht obligatorisch.

Bei Prüfungen werden die Spuren natürlich von einer Fremdperson gelegt, da dem Hundeführer die Möglichkeit der Einflussnahme genommen werden soll.

Die Flächensuche bietet selbständiges Arbeiten unter Anleitung des Menschen. Dass dies richtig Spaß macht, kann man hier eindeutig sehen.

Die Vorgaben sind eindeutig, Abweichungen des Hundes von der Spur sind unerwünscht. Das relativ starre Konzept ermöglicht bei Wettbewerben eine objektive Beurteilung.

Mantrailing

Anhand eines der gesuchten Person zuzuordnenden Gegenstandes wird dem Hund gezeigt, wessen Geruch zu verfolgen ist. Diesen filtert er unter allen anderen heraus.
Während die Fährtensuche vorrangig auf Bodenverletzungen ausgelegt ist, verfolgt der Hund beim Mantrailing die individuelle Geruchsspur eines bestimmten Menschen, bestehend aus unzähligen, mikroskopisch kleinen Partikeln, die ein jeder von uns unweigerlich und permanent an die Umgebung abgibt. Da die Bodenverletzungen keine bedeutende Rolle spielen, kann der Hund den Geruch auch auf befestigtem Gelände verfolgen. Durch Witterung, Thermik und Verkehr sind die Geruchspartikel jedoch allerlei Kräften ausgesetzt und unter Umständen weitab der vorher vom gesuchten Menschen zurückgelegten Spur zu finden, sodass wir Hundeführer den Weg unseres Vierbeiners nicht kontrollieren können.

Der Mensch im Team führt den Hund an langer Leine, überlässt ihm die Bestimmung des Weges und greift dort ein, wo Hindernisse zu überwinden sind. In frequentierterem Gelände ist es unumgänglich, dass der Hundeführer den Hund wirklich gut kennt, oder wie man es auch nennt

»lesen« kann, um sein Handeln jederzeit beurteilen zu können. Er muss auf die Zeichen seines Vierbeiner reagieren; erkennen, wenn der Hund die Straßenseite wechseln möchte, Interesse an einem Aufzug zeigt oder mehrere Gleise überwinden will, um ihn dann sicher über diese Hindernisse zu geleiten und danach wieder selbständig weiterarbeiten zu lassen.

Will man Mantrailing in seinen ganzen Facetten betreiben, muss sich der Mensch im Team reichlich Hintergrundwissen aneignen und stets Umsicht walten lassen.

Nachteil:
Es ist nicht immer leicht, einen Spurleger zu finden.

Vorteile:
Hier darf der Hund all seine Fähigkeiten einsetzen. Er verfolgt, wie er es bei der Jagd auch tun würde, ob vom Boden, einer Hauswand, von Büschen oder aus der Luft, jeweils die frischesten Partikel einer ganz bestimmten Person und kürzt, wenn möglich, ab.

Somit können erfahrene und geprüfte Mantrailer auch als Personenspürhunde im Rettungsdienst eingesetzt werden.

Einschlägige Literatur

Es würde hier jeden Rahmen sprengen, auf die einzelnen Beschäftigungsmöglichkeiten genauer einzugehen. Ich empfehle Ihnen, sich zu informieren und letztendlich mit Hilfe einschlägiger Literatur zu den einzelnen Themen die Details kennenzulernen, um beurteilen zu können, was wirklich zu Ihnen und Ihrem Vierbeiner passt.

Mantrailing bietet rundum artgerechte Beschäftigung vom anregenden, gemeinsamen Hobby, über die mögliche Hilfe, wenn Opa nicht nach Hause gekommen ist, bis zum generellen Aufspüren von Vermissten im Rettungseinsatz.

Auslastung

So viel Spaß das Toben mit den Artgenossen auch macht, ...

... sind immer mal wieder Ruhepausen nötig.

All' zu viel ist ungesund

So wichtig Bewegung und Anregung sind, darf der Hund nicht den ganzen Tag bespaßt werden. Es entspricht seiner Natur, viele Stunden des Tages zu ruhen. Er braucht das. Auf einen ausgiebigen Spaziergang, längeres Spielen mit Artgenossen, Suchaktivitäten und andere sportliche Beschäftigung sollte auch wieder genügend Zeit zum Dösen folgen, um das Nervengerüst des Vierbeiners nicht zu überlasten.

Zudem sind gemeinsame Ruhezeiten, schon alleine aufgrund der Tatsache, dass sie zusammen stattfinden, auch wieder Beziehungsarbeit. Wenn man sich bei jemandem wohlfühlt, sich bei ihm völlig entspannen kann und auch mal Ruhe findet, schätzt man dessen Nähe umso mehr. Das geht Ihrem Vierbeiner genauso wie Ihnen.

Vertrauensbildende Maßnahmen
– Aufbau und Festigung der Beziehung

Auch aus Steinen, die Dir in den Weg gelegt werden, kannst Du etwas Schönes bauen.

Erich Kästner

Vertrauensbildende Maßnahmen

Fünf vor Zwölf

Den zwölf allgemeinen Grundregeln sind hier zuerst fünf speziell praxistaugliche und effektive Übungen vorangestellt. Sie initiieren bei bisher unerwünschten Auffälligkeiten, Schwierigkeiten unterschiedlichster Art in ihrer glasklaren Aussagekraft ein Umdenken des Hundes, der nun ganz eindeutig mit Ihrer Souveränität konfrontiert wird. Üben Sie regelmäßig und Sie werden sich über die Veränderung sehr schnell freuen können. Davor liegt aber zugegebenermaßen ein Stück Arbeit.

Ist Ihre Mensch-Hund-Beziehung bereits gefestigt, sind diese Übungen nicht nötig, beziehungsweise würden Sie völlig unkompliziert von Ihrem Hund angenommen werden.

Dass der Zugang zum Futter erst erlaubt werden muss, verdeutlicht schon dem Welpen, die souveräne Stellung seines Menschen.

Überrascht und Entrüstet

Voraussichtlich werden Sie zuerst einmal auf massiven Widerstand stoßen; schließlich sieht Ihr Vierbeiner möglicherweise seine eigenmächtig beanspruchten Privilegien in Gefahr. Es hilft nichts: Da müssen Sie durch. Erst wenn Ihr Hund akzeptiert, dass sich das Blatt gewendet hat, wird das neue Kapitel aufgeschlagen, das Ihre Beziehung auf ein belastbares Fundament stellt, indem Sie eindeutig die Führung übernehmen und sich der Vierbeiner an Ihnen orientieren kann.

Führung

Nochmals zur Erinnerung: Führung hat überhaupt nichts mit Dressur, Druck oder gar Unterdrückung zu tun. Führung ist die Übernahme von Verantwortung, bietet Schutz und entlastet den Hund, der sich nun entspannen kann, keine komplizierten Entscheidungen in einer Menschenwelt mehr treffen muss, die ihn überfordern würden.

Glücklich ist nicht, wer ganz oben in der Rangliste steht, sondern wer seinen eigenen Platz gefunden hat, der seinen Fähigkeiten, Möglichkeiten und Neigungen entspricht.

1. Futterfreigabe

Bevor der Hund an die gefüllte Futterschüssel gehen darf, sollte er vorher ruhig absitzen und auf Ihre Freigabe warten.

Hintergrund

Futter zählt zu den grundlegenden Ressourcen und hat damit einen sehr hohen Stellenwert. Indem Sie Herr oder Frau des Futters sind und das Recht über diese wichtige Ressource beanspruchen, nehmen Sie in den Augen Ihres Hundes ganz klar die übergeordnete Stellung ein.

2. Entzug exponierter Plätze

Räumen Sie Ihrem Hund keine erhöhten oder strategisch günstigen Plätze ein.

Hintergrund

Wie auch beim Futter, beinhaltet die Einnahme erhöhter oder an Schlüsselstellen positionierter Ruheplätze eine besondere Stellung. Neben der Wohnungstür, in der Diele, in die Türen aller Richtungen münden, sieht sich der Hund je nach Charakter in einer Art Wächterposition, die seines Erachtens dann auch eine Einflussnahme beispielsweise auf Besucher beinhaltet, was wir sicherlich nicht wollen.

3. »Fasten seat belt«

Suchen Sie sich neben dem Liegeplatz Ihres Hundes eine Befestigungsmöglichkeit. Daran wird eine Leine mit Karabiner so befestigt, dass Ihr Hund angeleint dort gemütlich in seinem Körbchen oder auf seiner Decke liegen kann. Immer wenn es an der Tür klingelt, wird der Hund, ganz egal wie er sich gerade aufführt, am Halsband kommentarlos zum Körbchen gebracht und dort befestigt. Er darf alles tun, aufspringen, bellen, jammern. Wir ignorieren das. Dann wird an der Tür alles ohne ihn abgewickelt. Sie kehren zurück und beschäftigen sich in irgendeiner Weise, wobei der Hund solange ignoriert wird, bis er sich von alleine resignierend beruhigt und hingelegt hat. Liegt er mindestens zwei Minuten völlig entspannt, geht man, wieder ohne Blickkontakt, ohne ein Wort zu sagen hin und macht ihn los. Es bedarf keiner Auflösung, da wir ja vorher nichts eingefordert hatten. Danach darf er tun, was er will; auch einen eventuellen Besuch begrüßen. Fällt dies dann aber zu forsch aus, kann man natürlich eingreifen.

Achtung: Dieses bisher ungewohnte Verfahren wird ihren Hund eventuell zu großem Widerstand veranlassen. Er meutert, weil er das nicht gleich akzeptieren will. Das wird er möglicherweise auch in zwei bis drei Wochen nochmals erneut probieren. Sie sind am längeren Hebel und müssen das stoisch durchstehen.
Über kurz oder lang wird Ihr Vierbeiner beim Klingeln sofort eigenmächtig in sein Körbchen gehen.

Hintergrund

Sie alleine sind der Wächter des Hauses, haben diese für Hunde so wichtige Ressource zur Verfügung, beurteilen Freund oder Feind. Damit nehmen Sie automatisch für Ihren Hund eine Vormachtstellung ein und erringen hierdurch seinen Respekt.

4. Souveräne Rückkehr

Wenn Sie selbst nach Hause kommen, sollten Sie ungeachtet der Freude Ihres Vierbeiners zuerst ruhig an ihm vorbei die Wohnung betreten und den Hund erst beachten, wenn er sich beruhigt hat und Sie nicht mehr bedrängt.

Hintergrund

Auch wenn wir uns selbst unbändig freuen, endlich wieder zu unserem Vierbeiner zu kommen, bedeutet ein Anspringen und Einfordern von Aufmerksamkeit an sich eine Respektlosigkeit, die ein Hund einem Rudelführer nicht zumuten würde. Auch wenn es noch so schwerfällt: Erst muss Ruhe einkehren, bevor Sie sich dem Hund zuwenden. Das zeigt ihm auf artgerechte Weise Ihre Position, aber auch, dass Bedrängen grundsätzlich kein erfolgversprechendes Mittel darstellt.

Gezielte Verunsicherung: Das ungewöhnliche Verhalten seines Menschen irritiert den Hund. »Besser mal nachschauen und bei Frauchen bleiben.«

5. gezielte Verunsicherung

Legen Sie beim Spaziergang immer mal wieder plötzliche Richtungswechsel ein. Der Hund sollte gezwungen sein, mit Ihnen Kontakt zu halten. Wenn nötig wechseln Sie andauernd die Richtung bis Ihr Vierbeiner aufmerksam wird. Sie kommen damit vielleicht geographisch nicht sehr weit, jedoch im Ansehen bei Ihrem Hund auf alle Fälle. Auch kann man mal, den Hund an sehr langer Leine gesichert, unvermittelt einen Punkt ansteuern, dort in der Gegend umherblicken (Was macht Frauchen da?), dann, wenn sich der Vierbeiner nähert, einen anderen Punkt ansteuern, vielleicht mal am Boden nachsehen, verwunderte Laute von sich geben und, wenn der Hund wieder nähergekommen ist, einen weiteren fiktiven Punkt anpeilen. Bei all dem wird der Hund ignoriert, merkt aber, dass ihm etwas entgehen könnte, wenn er Sie aus den Augen verliert.

Hintergrund

Ein Hund, der jederzeit weiß, wo sich sein Mensch befindet, hat keinen Grund nach ihm zu sehen. Dieser ruft ja doch dauernd und legt sich ins Zeug. In Hundeaugen bitten, ja betteln wir durch unsere dauernde Zuwendung geradezu um seine Aufmerksamkeit, was im Wolfsrudel nur ein Untergebener tun würde.

Nun aber verhält sich sein Mensch ganz ungewöhnlich. Er scheint nicht auf ihn zu warten, sondern völlig den eigenen Interessen nachzugehen. Die Neugier und die Verunsicherung treiben den Hund dann in die Nähe. Dabei ist es völlig unbedeutend, wie nah der Vierbeiner herankommt. Die Annäherung an sich und die Aufmerksamkeit des Hundes sind das Entscheidende. Er lernt, dass es besser ist, sich immer in der Nähe des Menschen aufzuhalten, um nicht versehentlich den Kontakt zu verlieren.

Das effiziente Dutzend

Vieles, was Sie nun in diesem Buch gelesen haben, ist im Folgenden nochmals zusammengefasst. Damit unterstreichen wir ganz gezielt die Klarheit der Regeln, festigen eine Mensch/Hund-Beziehung des Vertrauens und verdeutlichen dem Vierbeiner, dass er sich voll und ganz auf uns verlassen kann.

1. Signale präzise geben

Damit der Hund ein Hörzeichen wirklich erlernt, müssen wir es ihm leicht machen, es tatsächlich immer herauszuhören bzw. zu erkennen. Es ist überaus wichtig, die Hör- und Sichtzeichen klar, deutlich und einheitlich zu geben.

Hintergrund

Schon Nuancen in der Aussprache machen es dem Hund unnötig schwer, das Wort immer zu erkennen.

2. Korrekte Ausführung sicherstellen

Sorgen Sie dafür, dass das Ziel immer erreicht wird; sei es durch grundlegende Korrektur oder auch nur geringfügiges Nachbessern.

Hintergrund

Bietet der Hund anstelle des geforderten Sitzens ein PLATZ ohne von uns durch eine Korrektur gezeigt zu bekommen, dass ein Fehler vorliegt, kann er die Verbindung des Signales mit dem von

Nachbessern: Legt sich der Hund ins PLATZ, obwohl ein SITZ gewünscht war, fordert man ihn auf, hochzukommen und sich zu setzen.

uns gedachten Ziel nicht durchgängig aufbauen. Nur mit Konstanz und ohne Ausnahmen lernt er die »Vokabel« korrekt und nachhaltig. Falls nötig nachzubessern, verdeutlicht dem Hund zudem, dass wir ganz präzise wissen, was wir wollen und dass es keine Schlupflöcher gibt. Die Mühe lohnt sich. Garantiert!

3. Situation vorher überdenken

Wenn man situationsbedingt Zweifel hat, ein Signal wirklich durchsetzen zu können, gibt man besser keines.

Hintergrund

Wird Ihr Signal vom Hund nicht oder falsch umgesetzt, wird trotzdem naturgemäß eine Verknüpfung hergestellt, jedoch eine absolut unerwünschte. Somit ist jede unterlassene aber eigentlich notwendige Korrektur ein echter Rückschritt, den es zu vermeiden gilt.

4. Signale immer auflösen

Auf ein gegebenes Signal muss immer eine Auflösung erfolgen.

Hintergrund

Nur so ist mit der Zeit die Zuverlässigkeit des Signales zu erreichen. Lassen wir es zu, dass unser Hund ab und an alleine die Anforderung aufhebt, ist das Signal unbrauchbar. Was nützt ein Halt an der Straße, das der Hund nach zwei Sekunden eigenmächtig auflöst.

5. Dauer der Anforderung anpassen

Nicht jeder Tag ist wie der andere. Bleiben Sie flexibel und bedenken Sie Alter und Tagesform des Hundes.

Hintergrund

Der Hund soll ohne zu große Schwierigkeiten die Konzentration auf das Signal halten können

Alles korrekt ausgeführt! Jetzt darf der Hund als Belohnung dem geworfenen Leckerchen nachspringen.

Vertrauensbildende Maßnahmen

Der Hund steht auf und kommt, löst also die Anforderung selbst auf. Ganz ruhig bleiben. Ein klares NEIN und die blockierende Hand bieten Einhalt.

Völlig emotionslos wird dem Hund gezeigt, dass man auf das korrekte Ausführen des Signales an der vorher bestimmten Stelle besteht

An dem sicheren Auftreten erkennt der Hund, dass ihm nichts anderes übrig bleibt, als an den vorbestimmten Liegeplatz zurückzukehren.

und dann am erbrachten Erfolg wachsen. Das heißt beispielsweise beim pubertierenden Hund: schnell auflösen, sonst fehlen die Erfolgserlebnisse und er ist dauernd frustriert.

6. *Ruhe bewahren*
Gleichgültig wie falsch oder unerwartet ein Hund reagiert, sollten wir ruhig bleiben, noch besser stoisch. Eingreifen ja, aber ohne unnötige Emotion. Halten wir uns immer vor Augen, dass es nicht um eine Charakterbewertung unseres Vierbeiners, sondern nur um einen aktuellen Sachverhalt geht, der zu klären ist.

Hintergrund
Diese Ruhe zeigt dem Vierbeiner unsere Kompetenz. Wir vermitteln, dass wir als Rudelführer über den Dingen stehen. Es ist nicht nötig auszurasten, denn wir wissen, was wir wollen und werden es durchsetzen. Zeigen wir Erregung, sind wir genervt, benutzen wir viele Worte, wirken wir unglaubwürdig, denn es fehlt in Hundeaugen an Souveränität.

7. *Richtig loben*
Jede Art des Lobes sollte mit Augenmaß dosiert werden. Kräftig loben, mit der Stimme hochgehen, mal ein kleines Zerrspiel durchführen sind sicherlich richtige Varianten für eine außergewöhnliche Leistung in sicherem Umfeld. Wenn der Hund dann freudig erregt ausgelassene Runden dreht, lässt das den Stellenwert des gemeinsamen Erfolges ansteigen. Für ein eingefordertes, bereits routiniertes SITZ reicht ein klares und freundliches Lob aus. Zum einen handelt es sich um eine leicht lösbare Aufgabe, bei der man nicht gleich überschwänglich bestätigen muss, zum anderen ist zu große Euphorie bei statischen Anforderungen möglicherweise kontraproduktiv. In verkehrsreichem Umfeld sollte innig aber ruhig gelobt werden, um nicht irrtümlich eine unkontrollierbare Reaktion des Hundes auszulösen.

Balu genießt das Lob in Form des innigen Streichelns und behält so problemlos die Sitzposition bei.

Hintergrund
Zwar befürworte ich durchaus, sich für den Hund auch mal richtig zum Affen zu machen, herumzuhüpfen und ihm dadurch die Anerkennung für seine Arbeit zu zeigen, jedoch sollte das Maß des Lobes der Anforderung angepasst sein. Auch ein Hund hat ein Gefühl dafür, was er geleistet hat, würde merken, wenn wir gar zu sehr übertreiben, was uns unglaubwürdig erscheinen lässt. Bei eingeforderten Signalen, die mit Ruhe und hoher Konzentration verbunden sind, könnte zu viel Enthusiasmus unbeabsichtigt die vorzeitige Auflösung heraufbeschwören.

Beim Belohnen auf Blickkontakt zu warten, festigt die Bindung, denn der Hund fokussiert sich auf seinen Menschen.

8. Belohnen mit Blickkontakt

Versuchen Sie immer nur dann ein Leckerchen zu geben, wenn der Hund Sie direkt ansieht. Bewahren Sie Ruhe und warten Sie geduldig ab, bis der Hund Ihnen ins Gesicht sieht. Aufgrund seiner Verwunderung, warum Sie ihm das Leckerchen zeigen aber nicht geben, wird er bei der Suche nach einer Lösung irgendwann den Blickkontakt herstellen.

Hintergrund

Damit fördern wir, dass der Hund immer häufiger von sich aus den Kontakt zu uns sucht und sich an uns orientiert.

9. Ablenkung managen

Alles was man dem Hund neu beibringt, sollte erst in gewohnter Umgebung eingeübt werden. Mit der Zeit wird der Grad der Ablenkung gesteigert.

Hintergrund

Etwas Neues bedarf der vollen Konzentration. (Sie lernen eine Vokabel auch nicht im Vorbeigehen.) Also erst das Signal prägen und dann sehr vorsichtig die Anforderung an die Konzentration steigern. Fußgehen beginnt man eben nicht am Spielplatz mit tobenden Kindern oder mit vielen Artgenossen in Reichweite.

10. Entspanntes Nebeneinandergehen

Zu Beginn hält man ein Leckerchen auf Kniehöhe neben sich, sodass der Hund mit dem Kopf an der passenden Stelle geht. Man kann ihn gern ab und an auch etwas daran lecken lassen. Parallel wiederholt man permanent das Signal BEI MIR, denn er ist ja gerade in der gewünschten Position. Nach wenigen Schritten löst man beispielsweise mit LAUF auf und lässt das Leckerchen vor dem

Das Leckerchen auf Höhe des Hundekopfes hält den Hund an der gewünschten Position.

Schrittweise führt man es nun jedes Mal etwas weiter nach oben und ermuntert mit viel Mimik und verbaler Aufmunterung zum Blickkontakt.

Hund von sich weg kullern, wobei er es sich dann holen darf.

Hintergrund
Der Hund hört das Signal, während er sich an der richtigen Position befindet und kann so die Verbindung Wort und Sinn dahinter verknüpfen. Danach kann man auflösen und den Erfolg feiern. Er lernt also die Vokabel und besetzt das Signal positiv. Variieren Sie mit der Dauer, bleiben Sie aber unbedingt in seinen aktuellen Möglichkeiten. Auch hier gilt: besser zwei Schritte korrekt, als eine ungewollte vorzeitige Auslösung.

11. FUSS-Gehen
Möchten Sie das Nebeneinandergehen mit Blickkontakt (FUSS) üben, muss das Leckerchen während den Gehens näher an Ihr Gesicht rücken, was ein Lecken daran natürlich ausschließt.

Hintergrund
Bildet das Leckerchen eine Linie zwischen dem Hund und Ihrem Gesicht, lernt der Hund mit der Zeit beim Signal FUSS nach Ihnen zu sehen.

12. Der Mensch voran
Bis ganz eindeutig klargestellt ist, dass Sie das Sagen haben, sollten Sie beim Verlassen der Wohnung vorangehen und den Hund hinter sich halten.

Hintergrund
Sie als Anführer prüfen vorab die Lage, um Sicherheit zu bieten. Auch das gehört zu den Privilegien aber auch Pflichten des Rudelführers. Sollte Ihre Mensch-Hund-Beziehung richtig gefestigt sein, müssen Sie die Reihenfolge nicht mehr beachten; der Hund wird dann sowieso nicht vorausstürmen, weiß er sich doch nah bei Ihnen in Sicherheit.

Das liegt mir am Herzen
– Toleranz und Zusammenhalt

Nicht der Hund braucht einen Wesenstest,
sondern der Mensch.

Fatmir Sebastian Dalipi

Der ewig erhobene Zeigefinger

Wir stehen mit unseren Hunden schnell unter Generalverdacht. Alleine die Tatsache mit einem Vierbeiner unterwegs zu sein, eckt bei manchem Zeitgenossen schon an, scheint ihm das Recht zu geben, nicht nur auf erfolgtes, sondern seiner Meinung nach künftig zu erwartendes Fehlverhalten hinzuweisen. Das ist eine Tatsache, der wir uns mit gut erzogenen Hunden entgegenstellen müssen.

Vorausschauen
Gerade weil Hunde im Fokus stehen, ist es wichtig, stets umsichtig zu handeln und dafür Sorge zu tragen, dass niemand von ihnen auch nur ansatzweise belästigt wird. Nur durch tadelloses Verhalten können wir uns den Respekt in der Gesellschaft erhalten, beziehungsweise erringen. Ich hoffe, Sie können reichlich Hintergrundwissen und Anleitung aus diesem Buch nutzen, um dies ohne Stress in die Tat umzusetzen.

Klimawandel
Wenn Sie rücksichtsvoll mit Ihrem Vierbeiner unterwegs sind, Spaziergängern, Joggern, Walkern oder Radfahrern bewusst Platz machen und dabei sehr freundlich bleiben, ernten Sie garantiert auch positives Feedback.

Es tut uns allen gut, von Zeit zu Zeit zu hören, wie brav und wohlerzogen unser Hund sei. Genießen Sie es in vollen Zügen, auch im Wissen, dass Sie etwas für die allgemeine Stimmung gegenüber unseren Hunden getan haben.

Wie überall im Leben können wir trotz aller Sorgfalt und zuvorkommender Rücksichtnahme sicher nicht Jeden davon überzeugen, dass unser Vierbeiner im Gegenzug auch von ihm Respekt verdient hat, aber einen Großteil schon.

Lassen Sie uns zusammenarbeiten, um für unsere Hunde einen Klimawandel in der Gesellschaft anzustoßen.

Ein Paradoxon

Man kann als Hundehalter durchaus nachvollziehen, dass Menschen ohne besonderes Interesse an Tieren unseren Gefährten mit großer Skepsis entgegentreten. Ihnen fehlen jegliche positive Erfahrungen, während ihr Wissensstand auf dramatisierten Medienberichten über tragische Beißvorfälle beruht. Jedoch ist es meines Erachtens vollkommen unverständlich, in welcher Art und Weise sich vereinzelt auch massiver Widerstand gegen unsere Hunde unter einer speziellen Gruppe von Tierschützern breitmacht.

Baustopp für den Feldhamster

Angebliche Bauten von Feldhamstern entpuppen sich als Überbleibsel von Vermessungsstangen

beinern genutzt wird. Nicht nur die Koexistenz, sondern auch das Ökosystem scheinen prächtig zu funktionieren. Kleinlebewesen entsorgen die Hinterlassenschaften der Hunde so zügig, dass einem dort trotz der Dichte der regelmäßig anzutreffenden Vierbeiner absolut keine hündischen »Tretminen« den Spaziergang verderben.

Nun verlässt die Bundeswehr dieses Terrain und wie aus dem Nichts wird den Hunden von einigen Tierschützern nachgesagt, sie würden dort das Nisten der Bodenbrüter behindern und müssten deshalb künftig ferngehalten werden. Nach so vielen Jahren stellen die Hunde urplötzlich ein Problem dar?

Falsches Spiel
Tierschutzthemen werden immer häufiger zum Vorwand genommen, verschiedenste Projekte zu hintertreiben, indem man sich tatsächlich nicht nur auf den Schutz vor Ort ansässiger Tierarten beruft, sondern auch die nur in Aussicht gestellte entfernte Möglichkeit einer Neuansiedlung rarer Tiere zum Deckmantel von Eigeninteressen heranzieht. Das bringt den äußerst lobenswerten Tierschutzgedanken in Verruf und erweist den Tieren, gleich welcher Art, keinen guten Dienst.

Selektiver Tierschutz
Natürlich lässt sich hier nichts verallgemeinern. Doch kristallisiert sich unter den Tierschützern eine sicherlich kleine, aber umso aktivere Gruppe heraus, die selbst für bislang vor Ort noch nie gesehene Käfer oder eine ungewöhnliche Krötenart auf die Barrikaden geht, unsere Hunde jedoch nur noch als Störfaktoren betrachtet, deren Tierschutzrechte wiederum bedeutungslos zu sein scheinen.

Fadenscheiniges Verhalten
In meiner Umgebung gibt es schon Jahrzehnte ein Gebiet, das sowohl von der Bundeswehr als auch von vielen Hundehaltern mit ihren Vier-

Toleranz für Einzigartigkeit

Für mich überhaupt nicht nachvollziehbar ist jedoch die Tatsache, dass es auch Hundehalter gibt, die auffällig wenig Toleranz fremden Hunden gegenüber aufbringen und ein sehr eingeschränktes Bild vom »guten« Hund mit sich herumtragen.

Jeder ein Unikat und doch alle von Natur aus wunderbare Geschöpfe. Die Frage, ob schön oder hässlich, gut oder schlecht bringt erst der Mensch und meist ganz ohne Fakten ins Spiel.

Der eingeschränkte Blickwinkel

Wir lieben unseren Hund, lieben ihn aufgrund seines ganz eigenen Charakters, lieben seine Einzigartigkeit. Wie kann es sein, dass beispielsweise ein Dackelbesitzer generell Schäferhunde ablehnt, der Halter eines Retrievers »seine« Rasse in den Himmel lobt, aber die Vorzüge anderer völlig übersieht? Wie können Hundebesitzer, die die Individualität ihres tierischen Gefährten schätzen, mit der unqualifizierten aber populären Rasse-Einteilung in Bezug auf deren angebliche Gefährlichkeit, in irgendeiner Weise übereinstimmen? Sollten wir Hundebesitzer es nicht besser wissen?

Rassisten

Gefahrenverordnungen werden von echten Fachleuten zu Recht abgelehnt, beurteilen sie doch nach genetischen und nicht nach objektiven Kriterien. Nicht die Hunderasse stellt die Gefahr dar, sondern der Mensch am Ende der Leine, der mit falscher Erziehung einen Hund sogar zur unkontrollierbaren Waffe werden lassen kann. Trotzdem trifft man nicht selten auf Hundehalter, die ohne Hintergrundwissen, aber mit umso mehr Enthusiasmus bestimmte Rassen unter Generalverdacht stellen.

Das Maß aller Dinge: MEINER!

Leute, die einen zurückhaltenden Hund ihr Eigen nennen, sind schnell dabei, einen freundlichen aber eben sehr aktiven Hund abzulehnen. Kurzerhand wird die gutgemeinte, aber vom eigenen Vierbeiner abgelehnte Spielaufforderung zum Mobbing erklärt. Reagiert umgekehrt ein zurückhaltender Hund mit leisem Knurren, um einem spielfreudigen Jungspund zu zeigen, dass er seine Individualdistanz gewahrt haben möchte, wird diesem zügig das Prädikat »dominant«

verabreicht, nicht wissend, dass fachlich Dominanz eigentlich Souveränität bedeutet, denn das Wort wird ganz offensichtlich umgangssprachlich mit dem negativen Vorzeichen der Aggression eingesetzt.

Kommen wir auf die von uns geliebte Individualität unserer Hunde zurück. Jeder ist einzigartig. Warum genießen wir nicht die Vielfalt? Warum verteilen wir Stempel der Missbilligung für das Anderssein?

Gemeinsam stark

Wenn wir es nicht einmal schaffen, untereinander tolerant zu sein, müssen wir uns nicht wundern, dass andere uns und unseren Hunden wenig Respekt entgegenbringen.

Wir Hundebesitzer sollten uns einig sein und Hunde in ihrem Facettenreichtum schätzen und nicht jeden Charakterzug, der unserem eigenen tierischen Gefährten fremd ist, als Fehlverhalten einstufen. Damit könnte manche unangebrachte Gefahrenverordnung verhindert werden, denn Hundehalter wären eine nicht zu unterschätzende Wählerschaft.

In diesem Sinne lege ich Ihnen Offenheit und Toleranz für die Vielfalt ans Herz.

Martina Stricker

Die Autorin mit ihrem Rüden Aaron

Bisher erschienen von der Autorin:

Martina Stricker
Flächensuche mit Hund
Vom Freizeitspaß bis zur Vermisstensuche im Rettungseinsatz
160 Seiten, 19,95 Euro
ISBN 978-3-275-021390-0

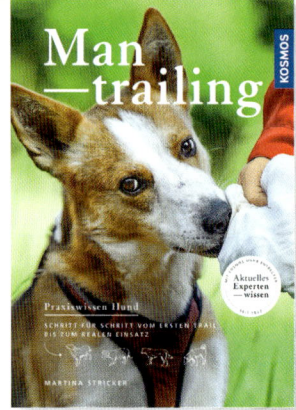

Martina Stricker
Mantrailing: Schritt für Schritt vom ersten Trail bis zum realen Einsatz
112 Seiten, 14,95 Euro
ISBN 978-3-440-15235-5

Dank

Ganz herzlichen Dank
- Familie Kuscher, die ihren süßen Welpen für Aufnahmen zur Verfügung stellte.
- Christian, Claudia, Janine, Manu, Ruth und Sandra, die sich die Zeit nahmen, mich mit ihren Hunden beim Fotoshooting zu unterstützen.
- meiner Schwester und meinem Schwager, die auch bei diesem Buch wieder einmal spontan beim Shooting mitmachten, obwohl sie gerade privat alle Hände voll zu tun gehabt hätten.
- Cornelia, die nicht nur ebenfalls mit ihrem Sam am Shooting teilnahm, sondern mir immer wertvoller Diskussionspartner in Sachen Hund ist, mit mir gemeinsam deren Verhalten beobachtet und analysiert und zu mancher Erkenntnis beiträgt.
- meiner Familie, die sich meiner Leidenschaft für Hunde und deren Verhalten kaum entziehen kann und mir auch bei diesem Projekt durch mentale Unterstützung oder Korrekturlesen zur Seite stand.
- besonders meinem Mann, der mir immer wieder auf's Neue als Zuhörer und konstruktiver Kritiker mit Genauigkeit und Sachverstand unschätzbare Hilfe leistet und in die Aufnahme der Bilder viel Zeit investierte.
- Frau Erlewein, die diesem Buch ein wunderschönes und orginelles Layout verpasste.
- meiner Lektorin Claudia König, die mich nie in ein Einheitskorsett zwingt, sondern mir immer den Freiraum schenkt, mein ganz eigenes Konzept zu verwirklichen und deren professionelle Unterstützung meinen Ausführungen den passenden Rahmen ermöglichte.

und ich bin überaus dankbar,
- dass ich Erfahrungen mit Hunden unterschiedlicher Charaktere sammeln, ihre artspezifische Arbeitsweise, aber auch ihre individuellen Besonderheiten beobachten darf und damit immer wieder Neues hinzulernen kann.
- dass ich durch unsere eigenen Vierbeiner nicht nur ihre bedingungslose Liebe erleben durfte und weiterhin darf, sondern durch manches mitgebrachte Problem der Hunde aus dem Tierschutz herausgefordert wurde, Wege aus dem Dilemma zu finden.
- insbesondere, für die 9,5 Jahre, die mich mein Rüde Aaron seit seinem Einzug mit knapp fünf Monaten tagein, tagaus treu begleitete. Als Welpe misshandelt und in einem Karton auf einer Mülhalde entsorgt brauchte er Hilfe, um seine Ängste zu überwinden und wurde mehr und mehr zu meinem Lehrmeister. Ob auf Fotos mit abgebildet, als Auslöser für manche wichtige Erkenntnis oder durch seine stets beruhigende Nähe, entspannt liegend neben mir, beim Schreiben dieses Buches, ist er für mich auf jeder Seite präsent. Er verstarb während der allerletzten Schlussarbeiten.

Ich vermisse ihn sehr!

Aaron

DER HUND Club
Trainieren – Helfen – Sparen

- Jeden Monat DER HUND als Heft, ePaper + App
- Trainieren mit neuen Profi-Videos
- Rabatte & Aktionen
- Tierschutzprojekte

- Persönlicher Austausch mit unseren Experten
- Große Online-Mediathek
- Kostenlose Clubtreffen

Schau mal rein: www.club.derhund.de

Spare 25,- € !

Großer Nutzen für kleines Geld

Mit dem **Gutschein Code SPARE25** zahlst Du im ersten Clubjahr **nur 65,- € statt 90,- €** und kannst **alle Club-Vorteile sofort nutzen.**

„Daumen hoch für den DER HUND Club. Hier bekommt ihr alles, was Hundehalter brauchen, zu einem unschlagbaren Preis. Das lohnt sich richtig! Unbedingt ausprobieren!"

Holger Schüler ist einer der bekanntesten Hundetrainer, „Der Hundeversteher" im SWR-Fernsehen und Der HUND Club-Experte.

Silberpartner

CHILLAX PET SUPERFOOD

Goldpartner

Uelzener
Josera